《金属切削机床安装工程施工及验收规范》实施指南

规范编制组　编

中国建筑工业出版社

图书在版编目（CIP）数据

《金属切削机床安装工程施工及验收规范》实施指南/
规范编制组编. —北京：中国建筑工业出版社，2011.9
ISBN 978-7-112-13461-8

Ⅰ. ①金… Ⅱ. ①规… Ⅲ. ①金属切削-机床-设
备安装-工程验收-技术规范-中国 Ⅳ. ①TG502-65

中国版本图书馆 CIP 数据核字（2011）第 156348 号

《金属切削机床安装工程施工及验收规范》
实施指南
规范编制组 编

*

中国建筑工业出版社出版、发行（北京西郊百万庄）
各地新华书店、建筑书店经销
霸州市顺浩图文科技发展有限公司
北京建筑工业印刷厂印刷

*

开本：850×1168 毫米 1/32 印张：3⅜ 字数：90 千字
2011 年 10 月第一版 2011 年 10 月第一次印刷
定价：**15.00** 元
ISBN 978-7-112-13461-8
（21237）

为了更好地帮助使用者准确理解和应用《金属切削机床安装工程施工及验收规范》GB 50271—2009 的规定，推动规范的贯彻实施，规范修订组编写了本实施指南。本书包括新规范的修订简介，预调精度、几何精度相互关系及"自然调平"的重要性，预调精度检测，几何精度检测以及规范条文释义等内容。

本书可供建设、监理、施工、设计单位的有关技术人员及管理人员学习和参考。

*   *   *

责任编辑：刘　江　王砾瑶
责任设计：赵明霞
责任校对：张　颖　陈晶晶

前　　言

　　由中国机械工业建设总公司会同有关单位修订的《金属切削机床安装工程施工及验收规范》GB 50271—2009（简称新规范）于 2009 年 2 月由中华人民共和国住房和城乡建设部批准颁布，于 2009 年 10 月 1 日实施。为了更好地帮助使用者全面系统地掌握新规范，准确理解和应用新规范的规定，推动技术规范的贯彻实施，由国家机械工业安装工程标准定额站组织修订组成员编写了《金属切削机床安装工程施工及验收规范实施指南》（简称《实施指南》），作为新规范实施的参考技术资料。

　　本书依据新规范，详尽阐述了具体施工方法和条文执行注意事项，以及通过对施工经验的总结归纳，针对当前金属切削机床安装常见的问题和难点，提出解决方法和指导意见，可供建设、监理、施工、设计单位的有关技术人员及管理人员学习和参考。

　　书中黑体字部分为引用新规范的条文。

　　《实施指南》是对新规范的延伸，因此涉及了一些规范条文以外的内容，仅供参考。如有与规范条文不一致之处，应以规范条文的内容为准。同时由于时间仓促和水平有限，本书中存在的不足和疏漏在所难免，敬请读者批评指正。

　　主要起草人：郑明享、关洁、刘瑞敏、彭勇毅

目　录

1 新规范的编制概述

1.1 规范的历史沿革

1955年由原第一机械工业部组织有关单位，在消化、吸收苏联规范标准的基础上，结合中国的实际情况自主编制出我国自己的标准规范《机械设备安装工程施工及验收暂行技术规程》，切削机床是该规程中的一章内容。机床安装规范历经了1963年、1978年、1998年、2009年的四次修订，从1955年的部标《机械设备安装工程施工及验收暂行技术规程》，经过第一次修订形成国家标准《机械设备安装工程施工及验收规范》GBJ 2—63、和第二次修订形成《机械设备安装工程施工及验收规范第二册金属切削机床安装》TJ（二）231—78，再经过第三次修订形成《金属切削机床安装工程施工及验收规范》GB 50271—98，最后经过第四次修订形成现行国家标准《金属切削机床安装工程施工及验收规范》GB 50271—2009。

1.2 本次修订过程

本次修订是该规范的第四次修订，主编单位中国机械工业建设总公司会同9个有关单位共18人组成的修订组，根据原建设部"关于印发《二〇〇二年～二〇〇三年度工程建设国家标准制订、修订计划》的通知"（建标［2003］102号）的要求，进行了广泛的调查研究，总结了近十年来机械设备安装的实践经验，吸收了成熟的新技术和工艺，开展了多次专题讨论研究和走访咨询有关单位和专家，翻阅和参考了大量国内外现行标准、文献和工程资料，在广泛征求全国有关单位和专家意见的基础上，从制定修订大纲、写出初稿到完成征求意见稿，发往全国有关单位和专家广泛征求意见的基础上，反复讨论、修改完善形成送审稿。经过全国专家审查会审查通过，进一步修改完善后形成报批稿，于 2009 年 2 月经审核获得中华人民共和国住房和城乡建设部的批准颁布，2009 年 10 月 1 日实施，其中 2.0.8 中第 8 条、2.0.9 中第 2 条为强制性条文，必须严格执行，原《金属切削机床安装工程施工及验收规范》GB 50271—98 同时废止。

1.3 修订原则和依据

由于金属切削机床的种类繁多，本次修订不可能将其全部纳入，只能选择其中量大、使用面较广和有制造技术条件、精度标准以及安装工程上具有代表性的机床列入规范。金属切削机床安装工程的质量检验项目主要是以机床制造技术条件和精度标准为依据，即质量检验项目的方法和标准应与机床制造技术条件和精度标准是完全相同的；但不是全部检验项目照搬，而是选择其中与安装有关的项目列入规范。规范条文及检验项目安排按以下原则确定：

1. 根据《金属切削机床 型号编制方法》GB/T 15375—94，在 13 大类 677 种切削机床中，收集量大面广、通用性较强的机床纳入规范，并以此确定机床名称、章节名称和排列顺序。

2. 根据《机床检验通则 第 1 部分：在无负荷或精加工条件下机床的几何精度》GB/T 17421.1—1998 的规定，确定直线度、平行度、垂直度等的计算依据和计算方法。

3. 根据《形状和位置公差 通则、定义、符号和图样表示法》GB/T 1182—1996 的规定，确定本规范的名词术语。

4. 按原建设部《工程建设标准编写规定》和《工程建设标准出版印刷规定》（建标〔1996〕626 号）统一编写格式。

5. 搜集相应章节机床的系列型谱、参数、精度检验，按相应的精度标准，确定检验项目、检验方法和允差值。

6. 以原规范为蓝本，逐章、逐节、逐条学习和消化，并与现行国家标准对照，决定检验项目和条文内容。具体条文的增删取舍，分别有以下四种情况：

1) 保留：原规范条文与现行国家标准对照，其检验方法与允差值均无变化的，则予以保留；或检验方法无变化，但由于系列型谱、参数变化，导致允差值改变了，则保留原规范条文名称和检验方法，仅改变其允差值；原规范执行中行之有效的技术规定、施工方法和经验参数，予以保留。如龙门铣床、龙门刨床两立柱对床身导轨的垂直度、两立柱导轨面的共面度，从安装工序的角度，是必不可少的中间工序检验内容，如不进行检验，则后面的几何精度检验将无法进行。从 20 世纪 60 年代沿用至今，检验方法和检验允差值均未改动，在床身导轨上放置水平仪，在立柱导轨上靠贴水平仪，然后两处水平仪进行代数差运算，得出垂直度偏差；用塞尺检验横梁与立柱之间的间隙，以确定共面度，这些内容均为实践经验的总结，予以保留。

2) 新增：现场组装的机床，从运输和吊装的角度考虑可能引起机床设备的制造精度发生变形的，而原规范遗漏或其他客观原因未予规定的，本次修订予以新增。如重型卧式车床，原规范没有床身导轨在垂直平面内的直线度、床身导轨在垂直平面内的平行度、床身导轨在水平面内的直线度等检验项目，本次修订则按《重型卧式车床　精度检验》JB/T 3663.3—1999 的 G01、GO2、G03、G04 纳入。

3) 合并：原规范对安装水平、床身导轨在垂直平面内的直线度、床身导轨在垂直平面内的平行度、床身导轨在水平面内的直线度、立柱导轨对床身导轨的垂直度、两立柱导轨的共面度等预调精度性质的检验项目，均单独各立一条，本次修订，合并为一条，统一命名为"检验预调精度"，条文数量减少，但内容并未减少。

4) 删除：由于系列型谱变更、不属于量大面广的机床，此类条文修订中予以删除。如单柱、双柱立式车床，原规范是采用的《单柱、双柱立式车床精度》JB 4116—85 编写的，该标准中包含有固定型和移动型的精度检验内容，而在标准《单柱、双柱立式车床精度检验》JB/T 4116—96 中，仅有固定型的内容，但立柱移动型立式车床的精度标准尚未出版，考虑移动型使用要少一些，固定型属于量大面广的机床。故本节的检验项目，仅适用于工作台和立柱固定型的立式车床。对原规范中涉及工作台移动及立柱移动型的立式车床检验项目的条文，共计三条，予以删除。

1.4 修订的主要内容

1. 根据《机床检验通则 第 1 部分：在无负荷或精加工条件下机床的几何精度》GB/T 17421.1—1998，对原规范直线度（垂直平面、水平平面）计算方法作了较大的改变。原规范为"……画出直线度的偏差曲线"，"全长直线度偏差以偏差曲线各点相对其两端点连线间坐标值的最大代数差值计"。现修改为"用水平仪读数画出被检线"；"全长直线度偏差等于平行于代表线且触及曲线高点和低点的两条直线间在 Y 轴的距离"。

2. 区分和明确规定了"预调精度"在安装工序中的重要性及与几何精度的关系。"总则"第 1.0.4 条"本规范规定的各种检验项目，是检验与机床安装有关的预调精度及几何精度……"，在后面的各章中明确区分哪些检验项目是预调精度，并表述为"检验预调精度时，应符合下列要求："改变了原规范中凡出现此情况时，频繁加"注"的弊端。属于几何精度的检验项目，也不再冠以"几何精度"名，而是具体指明其检验内容。同时对安装水平作了按下述两种情况的处理规定：

1) 整体安装的机床，检验安装水平项目合格，即作为交工验收的依据。

2) 现场组装的机床，安装水平只能为检验几何精度打基础，交工验收应以几何精度检验项目合格为依据。

3. 对名词术语，尽可能做到了相对统一，大致分以下三种情况：

1）按 GB/T 1182—1996，对机床精度标准能完全统一的名词有：直线度、垂直度和平行度。

2）对原规范出现的检验项目名称，对照 GB/T 1182—1996、GB/T 17421.1 相近似，且符合机床安装的实际情况进行了修改：

a. 将"重合度"改为"同轴度"（如立式内拉床、组合机床）；

b. 将"倾斜度"改为"平行度"（如回轮转塔车床、插齿机、丝锥磨床）；

c. 将允差值中的"局部公差"改为"局部允许偏差"。

3）保留原规范的名词：共面度（如龙门铣床、龙门刨床、组合机床自动线等）保留；等高度（如组合机床自动线）保留。

4. 机床新品种、新技术较原规范有所增加和提高。由于原规范在 20 世纪 80 年代修订时，机床的品种和精度标准还不是很完善，而本次纳入规范的精度标准，大都是 20 世纪末或本世纪初出版的，有的是 ISO 标准的等效标准，有的是接近 ISO 的标准。如第九章龙门铣床采用的是《龙门铣床检验条件　精度检验　第一部分：固定式龙门铣床》GB/T 19362.1—2003；新增加的小型组合机床采用的是《小型组合机床　精度》JB/T 7448.1—94，仅有少量几个品种仍沿用 20 世纪 80 年代的标准。而且，所有列入规范的条文，均符合产品精度标准要求。因此修订后的新规范较原规范在安装工艺、检验方法及允差值上有较强的先进性、通用性和可操作性。

1.5　规范适用范围

根据《金属切削机床　型号编制方法》GB/T 15375—94 及

前面提到的"选择其中量大、使用面较广和有制造技术条件、精度标准以及安装工程上具有代表性的机床列入规范之内"的修订原则，新规范的适用范围，在其附录 A 中，对其适用的各类机床，以表格形式列出，现摘录如下，便于查询。

表 1-1　规范适用的金属切削机床范围

机床名称		适用范围
车床	单轴纵切自动车床 卧式多轴自动车床	—
	回轮车床	最大棒料直径小于等于 80mm
	转塔车床	床身上最大回转直径小于等于 800mm
	单柱、双柱普通立式车床	固定型工作台、车削直径为 800～8000mm
	卧式车床	床身上最大回转直径小于等于 1250mm，工件长度小于等于 16000mm
	重型卧式车床	床身上最大回转直径小于等于 5000mm，顶尖间最大工件重量大于等于 10t
钻床	摇臂钻床	—
	圆柱立式钻床	最大钻孔直径小于等于 40mm
	方柱立式钻床	最大钻孔直径小于等于 80mm
镗床	重型深孔钻镗床	最大钻孔直径小于等于 150mm，最大镗孔直径小于等于 1000mm，最大镗孔深度小于等于 20000mm
	单柱坐标镗床	工作台面宽度 200～630mm
	双柱坐标镗床	工作台面宽度 450～2000mm
	普通卧式铣镗床	镗轴直径 70～130mm、工作台面宽度 800～1400mm
	落地镗床	镗轴直径 90～200mm
	落地铣镗床	镗轴直径 130～260mm
	刨台卧式铣镗床	—
	卧式精镗床	最大镗孔直径小于等于 200mm
	立式精镗床	最大镗孔直径小于等于 400mm
磨床	无心外圆磨床	最大磨削直径小于等于 400mm
	高精度无心外圆磨床	最大磨削直径小于等于 200mm

机 床 名 称		适 用 范 围
磨床	普通外圆磨床、万能外圆磨床	最大磨削直径小于等于800mm,最大磨削长度小于等于5000mm
	高精度外圆磨床	最大磨削直径小于等于320mm,最大磨削长度小于等于1500mm
	内圆磨床	最大磨削孔径小于等于800mm
	落地导轨磨床	最大磨削宽度小于等于1600mm,最大磨削长度小于等于14000mm
	龙门导轨磨床	最大磨削宽度小于等于3150mm,最大磨削长度小于等于16000mm
	刀具刃磨床	万能工具磨床、拉刀刃磨床、钻头刃磨床、滚刀刃磨床、圆锯片刃磨床
	平面、端面磨床	卧轴矩台平面磨床、立轴矩台平面磨床、立轴和卧轴圆台平面磨床、立轴和卧轴双端面平面磨床
	立式内圆珩磨机	最大珩孔直径小于等于1000mm
齿轮加工机床	弧齿锥齿轮铣齿机	最大工件直径小于等于1600mm
	直齿锥齿轮刨齿机	
	立式滚齿机	最大工件直径小于等于4000mm
	剃齿机	—
	插齿机	最大工件直径小于等于3150mm
	花键轴铣床	最大铣削直径小于等于200mm,最大工件长度小于等于3500mm
	齿轮磨齿机	—
螺纹加工机床	丝锥磨床	最大磨削直径小于等于52mm
	螺纹磨床、万能螺纹磨床、丝杠磨床	最大工件直径小于等于500mm,最大工件长度小于等于5000mm
	丝杠车床	最大工件直径小于等于100mm,最大工件长度小于等于8000mm
铣床	龙门铣床	工作台面宽度1000～5000mm
	立式平面铣床	工作台面宽度320～630mm
	柱式、端面式平面铣床	工作台面宽度320～1000mm
	卧式、立式升降台铣床	工作台面宽度200～500mm

7

机床名称		适用范围
铣床	摇臂、万能摇臂铣床	工作台面宽度 200～300mm
	万能工具铣床	工作台面宽度 200～630mm
刨插床	悬臂刨床	最大刨削宽小于等于 3150mm
	龙门刨床	最大刨削宽度小于等于 5000mm
	插床	最大插削长度小于等于 1600mm
	牛头刨床	最大刨削长度小于等于 1000mm
拉床	立式内拉床	额定拉力 25～1000kN
	卧式内拉床	额定拉力 63～1000kN
	立式外拉床	额定拉力 63～630kN
锯床	卧式带锯床、立式带锯床、卧式圆锯床	—
特种加工机床	电火花成形机、电火花线切割机、数控电火花线切割机、立式电解成形机	
组合机床	钻镗组合机床、铣削组合机床、攻丝组合机床、小型组合机床、组合机床自动线	—

1.6 《实施指南》与规范的关系

《实施指南》不是规范的条文说明，也不是对条文逐条解释，重点是剖析和阐述预调精度、几何精度检验项目的概念、含义及检验方法，主要是技术内容解读和实施中的注意事项。对于较简单或已表述很清楚的条文，《实施指南》则直接跳过，不再重复。为了全面解读规范，《实施指南》在多处和多次引用、摘录规范的条文，因此，请读者最好能对照规范条文阅读，则会相得益彰。

2 预调精度、几何精度相互关系及"自然调平"的重要性

新规范总则第 1.0.4 条明确指出,"本规范规定的各种检验项目,是检验与机床安装工程施工与验收有关的预调精度及几何精度,当有关的几何精度达不到本规范的规定时,可调整相关部件的预调精度。交工验收时,整体安装的机床应以安装水平为依据,解体安装的机床应以几何精度为依据,预调精度可不再复检"。因此,在进行预调精度及几何精度检验前,首先要理解一些基本概念及相互关系。

(1) 机床制造业中的预调精度、几何精度、工作精度间的相互关系;

(2) 交工验收时,解体安装的机床为什么以几何精度为依据,预调精度可不再复检;

(3) 预调精度应检验哪些项目;

(4) 安装水平的含义、概念及对设备安装的重要性;

(5) "自然调平"的含义及重要性等。

2.1 机床行业中预调精度、几何精度、工作精度间的相互关系

在机床精度标准中,长床身机床预调精度为 6 项:即安装水平(含纵、横向)、床身导轨在垂直平面内的直线度、床身导轨在垂直平面内的平行度、床身导轨在水平平面内的直线度。对龙门铣床、龙门刨床等龙门框架式机床,预调精度还有立柱导轨对床身导轨的垂直度和两立柱导轨的共面度。圆床身机床如立车、滚齿机等,预调精度为安装水平、立柱导轨对床身导轨的垂直度

和两立柱导轨的共面度。对现场组装的机床，以上检测项是安装时必须首先检测的。预调精度是使机床处于静态稳定，为检测几何精度打下基础，但当部件组装后（以车床为例，如溜板箱、尾座、床头箱等组装至床身导轨上后）则必须移动部件来进行检测和调整机床的精度，这就是几何精度检验项目。由于移动了部件，或调整了某些垫铁，或拧紧螺栓，使原先已符合规定要求的几项指标遭到了破坏，甚至超差，当出现此矛盾时，新规范规定，对预调精度不再复检和调整，以几何精度为依据，进行交工验收。

下面以横向安装水平与垂直平面内的平行度的检测为例简要说明：

1. 在床身上与床身导轨垂直放置平尺，平尺上放置水平仪，在导轨全长上，每隔 500mm 测量一次，水平仪在每米长和全长内读数的最大代数差，即为床身导轨在垂直平面内的平行度；

2. 每个水平仪读数，即为横向安装水平；

3. 假定平行度与横向安装水平均不得超过 0.04/1000，如图 2-1 所示横向安装水平是合格的，但平行度为 0.04/1000 － (－0.04/1000)＝0.08/1000 则不合格。

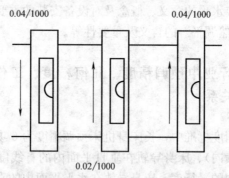

图 2-1　横向安装水平与垂直平面内的平行度（一）

如图 2-2 所示，平行度为 0.08/1000－(0.05/1000)＝0.03/1000 合格，但横向安装水平在三个位置均不合格。要使两者均

10

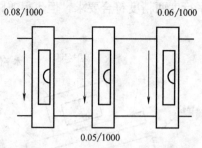

图 2-2 横向安装水平与垂直平面内的平行度（二）

合格，还得继续进行调整，请注意，这还是在床身导轨上进行的预调精度的检测，当部件安装后，用移动部件进行几何精度的项目检测时，又会出现更复杂的情况。因此，我们一再强调："预调精度是使机床处于静态稳定，为检测几何精度打下基础"。只有基础打好了，几何精度检测才能顺利进行。

上例检测床身导轨在垂直平面内的平行度，在机床行业过去称之为检验床身导轨的"扭曲"。床身导轨的"扭曲"是 A 高于 B，我们假定"扭曲"误差为正"＋"（如图 2-3 所示）；B 高于 A，则"扭曲"误差为负"－"（如图 2-4）。常见的是加工或装配过程中操作不当而造成床身扭曲变形，如果"扭曲"超差，一般安装现场是难以调整的。

如要进行调整，需循环往复下去，也可能使横向安装水平及

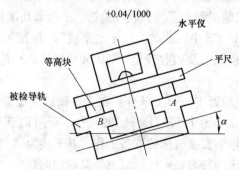

图 2-3　床身导轨的"扭曲"（一）

垂直平面内的平行度两精度符合要求，但也得兼顾相互关联的其他检验项目。

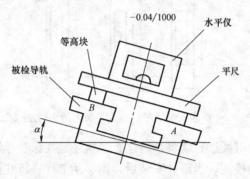

图 2-4 床身导轨的"扭曲"（二）

根据《悬臂刨床、龙门刨床、精度》JB/T 2732.1—94 中第 3.4 条规定"预调精度 G01、G02、G03 只在装配过程中检验，负荷试验后不再复检"。以上足以证明，新规范总则第 1.0.4 条的规定，是符合机床精度标准的要求的。

2.2 安装水平的含义及对设备安装的重要性

安装水平是指物体某一部位或某一处的水平状态，用水平仪进行测量。安装水平最早叫"水平度"，20 世纪 70 年代实施的《机械设备安装工程施工及验收规范第二册金属切削机床的安装》TJ（二）231—78 中，改名为"不水平度"，98 版的《金属切削机床安装工程施工及验收规范》GB 50271—98 才更名为"安装水平"。

《机床检验通则 第 1 部分：在无负荷或精加工条件下机床的几何精度》GB/T 17421.1—1998 中，专门提到了"调平"，把"调平"作为安装机床的准备工作。其表述为"调平的目的是为了得到机床的静态稳定性，以方便其后的测量"。"特别是某些部件直线度有关的测量"。按此检验通则，所有的机床说明书和精度标准中，开篇第一页，就写明了该机床的"安装水平"检测方法。如《悬臂刨床、龙门刨床、精度》JB/T 2732.1—94 规定"……调整安装水平，在床身导轨的两端沿纵向和横向放置水平仪，水平仪在纵向和横向的读数均不应超过 0.04/1000"。

新规范第 1.0.4 条明确规定：整体安装的机床应以安装水平作为交工验收的依据，而解体安装的机床应以安装水平作为预调精度。使用时，这里应注意两点：一是整体安装和解体安装的机床必须严格按规定区别处理，前者应以记录完整、准确的数据作为交工验收的依据；后者应理解是为检验其他精度作准备的。二是安装水平的检验方法、水平仪放置的部位、允差规定，均在各类机床中，作出了明确的、相应的规定，施工时，应严格遵照执行。

2.3 "自然调平"的含义及重要性

在已出版的行业和国家标准、规范中，对"自然调平"是这样表述的：

(1)《金属切削机床通用技术条件》JB 2278—78 规定："在验收试验时，一般应自然调平"；

(2) 原规范第 2.0.2 条规定："调平机床时应使机床处于自由状态，不应采用紧固地脚螺栓局部加压等方法，强制机床变形使之达到精度要求……"；

(3) 新规范第 2.0.2 条规定"调整机床的安装水平时，应使机床处于自由状态，用垫铁自然调平。不应采用紧固地脚螺栓等局部加压方法调平"。

上述标准所表达的含义，基本上大同小异。它是指机床床身在保证加工精度合格的前提下，靠自重放在调整垫铁上，使之完全处于自由状态下，不得紧固地脚螺栓，而是用调整垫铁来调整机床，达到安装精度的调平方法。

与"自然调平"相对立的是"强制调平"。这是一种利用地脚螺栓强制床身变形，使加工不合格的导轨也能达到安装精度要求。这种方法虽对床身导轨在垂直平面内的直线度起些作用，但无法调整水平面内的直线度。由于强制调平，使床身产生内应力，即使预调精度达到合格，检验几何精度时，也会带来极大的困难。

安装现场实施"自然调平"方法：

1. 制造厂提供的产品必须是用"自然调平"的方法加工的，尤其是多段床身。

2. 设备运抵现场后，必须在自由状态下放平、找正。

临时支承的垫铁应采取多点支承，支承时，应使各点之间的自重变形量最小，并使各点受力均匀。

3. 两段以上的床身用螺栓连接后，应用 0.03mm 塞尺检查连接处，以塞不进为宜。

4. 提供可靠的安装基面：为了保证垫铁与床身良好的接触，在床身底面与调整垫铁之间应安放球面垫圈。实践证明，这种方法是"自然调平"行之有效的可靠方法。国外进口机床的调整垫铁大多为此类结构。

1988 年第 12 期《机床》杂志刊登了成都清江机械厂研制的 ZXD 自动校平装置（调整垫铁），获得过国家专利，对"自然调平"起到了很好的推动作用。图 2-5 为其结构简图，图 2-6 为现场使用简图。

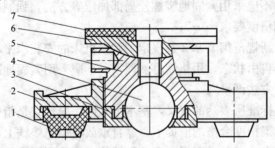

图 2-5　ZXD 自动校平垫铁

1—橡胶脚；2—本体；3—止落环；4—钢球；5—球面升降调整座；

6—承力球面垫圈；7—橡胶垫圈

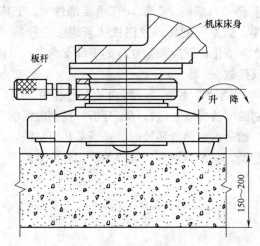

图 2-6 ZXD安装简图

5. 调平过程中，应严格观察和监视水平仪的变化。尤其对机床重心较高、部件重且作用在床身上单位压力较大的机床（如落地镗床、重型车床等），实施"自然调平"较困难时，允许用地脚螺栓紧固床身，即地脚螺栓仅仅起到固定床身的作用。但拧紧地脚螺栓前、后床身的安装精度均应合格。应使水平仪读数在拧紧地脚螺栓前、后的变化均一致。

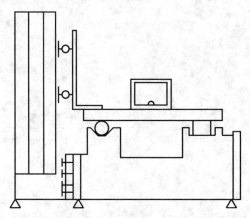

图 2-7 吊装立柱时，应监控床身的安装水平

6. 床身经"自然调平"后，在组装部件时，亦应保证床身的水平不变。如龙门刨床、龙门铣床若组装立柱后（见图2-7）床身精度产生变化，就应调整立柱的下部支承点，以恢复床身原来的水平仪读数。

7. 在对预调精度整个"自然调平"过程中，应严格按照调平时所绘制的"被检线"进行仔细分析，找到曲线的变化点及最大超差值，然后确定调整某处的垫铁或某几组垫铁，切忌不经分析，盲目乱调，一定要做到"统筹兼顾，掌控全局"。

3 预调精度检测

3.1 概述

床身是机床的基础部件，不论是什么类型的机床，工作台（溜板）、滑座、床头、立柱、横梁、刀架等均要在其上组装，而组装的基准面则是床身导轨，在导轨的各个表面中，和工作台（溜板）接触，直接起导向作用的表面称为"基准导轨面"；和压板或镶条接触的，只起承受切削力作用的表面称为"辅助导轨面"。基准导轨面是保证工作台（溜板）运动时，检测其几何精度的基准。基准导轨面首先要保证工作台（溜板）运动轨迹符合要求，即工作台（溜板）运动轨迹偏离理想直线的程度应符合要求；其次是保证工作台（溜板）在运动过程中的倾斜符合要求，这取决于两根导轨在垂直平面内的平行度。为便于检测，床身导轨的直线度一般分解为相互垂直的两部分，即水平平面内的直线度和垂直平面内的直线度。以车床为例，矩形导轨的上平面是控

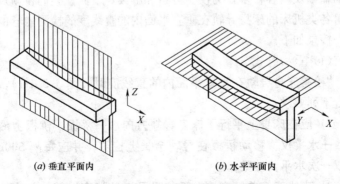

(a) 垂直平面内   (b) 水平平面内

图 3-1 床身导轨直线度分解

制导轨在垂直平面内的直线度 [见图 3-1 (a)]；矩形导轨的两侧面，是控制导轨在水平平面内的直线度 [见图 3-1 (b)]。不论导轨是何种形式，其基本精度一般都是指以下三项：

（1）垂直平面内的直线度（应连同安装水平一起进行检测）；

（2）垂直平面内的平行度（又称为"扭曲"）；

（3）水平平面内的直线度。

其中垂直平面内的直线度是控制工作台（溜板）在运动过程中的高低（或上下）起伏，并且和纵向安装水平有直接关系（下面将作进一步的阐述）；垂直平面内的平行度是控制工作台（溜板）在运动过程中倾斜，并且会影响工作台（溜板）与导轨之间的良好接触，而且还会影响工作台（溜板）移动对主轴轴线的平行度等几何精度项目的检测结果；水平平面内的直线度是控制工作台（溜板）在运动过程中左右（或前后）弯曲，它会直接影响加工零件的几何精度（如圆度、锥度等），尤其对车床类等加工圆柱形零件的机床，其影响程度远超过垂直平面内的直线度的误差。

3.2 检验床身导轨在垂直平面内的直线度

3.2.1 床身导轨在垂直平面内的直线度的检测，在新规范中涉及的篇幅及内容较多，为便于分析和解读，下面让我们将新规范中对各类机床的床身导轨在垂直平面内的直线度的检测内容的表述，摘录如下。

（1）重型卧式车床

"检验床身导轨在垂直平面内的直线度时（图 3.5.1-1），应符合下列要求：

1）应在床身上平行于床身导轨方向放一桥板，桥板上沿纵向放一水平仪，移动桥板在导轨全长上检测，并应每隔 500mm 测取一次水平仪读数；

2）直线度偏差值应按本规范附录 B 的规定计算，并应符合

表 3.5.1-1 的规定；

　　3）每条导轨均需检验。"

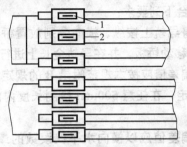

图 3.5.1-1　检验床身导轨在垂直平面内的直线度

1—水平仪；2—桥板

　　注：上图中的图号及图名，是摘录新规范中的条文所附的图，与本书中编的图号、图名无关联，特此说明。下同。

　　（2）重型深孔钻镗床

　　"检验床身导轨在垂直平面内的直线度时（图 5.1.1-1），应在床身上平行于床身导轨方向放一桥板，桥板上放置水平仪，移动桥板在导轨的全长上进行检测，并应每隔 500mm 测取一次水平仪读数。直线度偏差值应按本规范附录 B 的规定计算，并应符合表 5.1.1-1 的规定；"

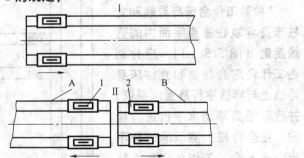

图 5.1.1-1　检验床身导轨在垂直平面内直线度

1—水平仪；2—桥板

Ⅰ—主轴箱固定型；Ⅱ—主轴箱移动型

A—工件床身；B—钻杆床身

（3）落地镗床、落地镗铣床

"检验床身导轨在垂直平面内的直线度和平行度时（图 5.4.1-1），应符合下列要求：

1）应在床身导轨上按纵、横向分别放置桥板，桥板上放置水平仪，等距离移动桥板，并在导轨全长上进行检测；

2）直线度偏差值应按本规范附录 B 的规定计算，并应符合表 5.4.1-1 的规定，在任意 500mm 检测长度内的局部允许偏差为 0.010mm；

3）平行度偏差值应以横向水平仪读数的最大代数差值计，并不应大于 0.02/1000。"

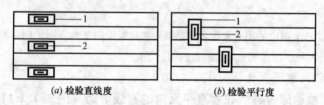

(a) 检验直线度　　　　　　(b) 检验平行度

图 5.4.1-1　检验床身导轨在垂直平面内的直线度和平行度
1—桥板；2—水平仪

（4）刨台卧式铣镗床

"检验工作台床身导轨和立柱床身导轨在垂直平面内的直线度时（图 5.5.1-1），应分别在工作台床身导轨和立柱床身导轨上与导轨平行放置水平仪，并应等距离移动水平仪进行检测，在全行程上测取的读数不应少于 5 个。工作台床身导轨和立柱床身导轨在垂直平面内的直线度偏差值应分别按本规范附录 B 的规定计算，并应符

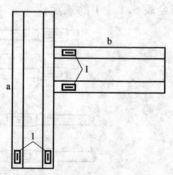

图 5.5.1-1　检验床身导轨在垂直平面内的直线度
1—水平仪
a—工作台床身导轨；b—立柱床身导轨

20

合表 5.5.1 的规定。在任意 300mm 检测长度内的局部允许偏差为 0.006mm。"

（5）落地导轨磨床

"检验落地导轨磨床床身导轨在垂直平面内的直线度和平行度时（图 6.4.1-1），应在床身导轨的专用检具上，按床身导轨纵向和横向各放一水平仪，移动检具在导轨全长上进行检测，每隔检具长度测取一次读数，直线度偏差值应按本规范附录 B 的规定计算"。

图 6.4.1-1　检验床身导轨在垂直平面内的直线度和平行度
a—检验直线度的纵向水平仪；b—检验平行度的横向水平仪

（6）龙门导轨磨床

"检验龙门导轨磨床的床身导轨在垂直平面内的直线度和平行度时（图 6.4.5-1），应符合下列要求：

1）检验直线度时，应在专用检具上，平行于床身导轨放置水平仪，移动检具在导轨全长上进行检测，并应每隔检具长度测取一次读数。直线度偏差应按本规范附录 B 的规定计算，直线度偏差值应以任意 1000mm 相邻两点相对被检线的两端点连线间坐标差的最大值计，并不应大于 0.01mm;"

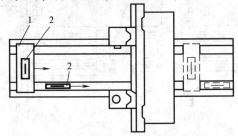

图 6.4.5-1　检验床身导轨在垂直平面内的直线度和平行度
1—专用检具；2—水平仪

（7）龙门铣床

"检验床身导轨在垂直平面内的直线度和平行度时，应使用检验安装水平时的整套检具（图 9.1.1），在导轨全长上等距离移动检具进行检测，直线度偏差值应用每条导轨上纵向水平仪读数分别按本规范附录 B 的规定计算，并应符合表 9.1.1 的规定，导轨面应只允许平或凸；"

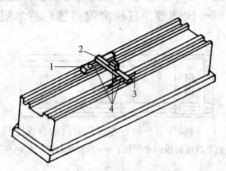

图 9.1.1　检验龙门铣床的安装水平

1—桥板；2—平尺；3—圆棒；4—水平仪

（8）悬臂刨床、龙门刨床

"检验床身导轨在垂直平面内的直线度和平行度时（图 10.1.1-2），应符合下列要求：

1）应在床身导轨上按纵、横向放置桥板、检验棒、平尺和水平仪，等距离移动桥板在导轨全长上进行检测，并应每隔桥板

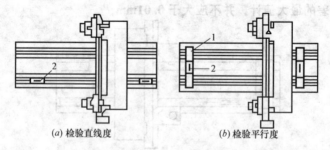

(a) 检验直线度　　　　(b) 检验平行度

图 10.1.1-2　检验床身导轨在垂直平面内的直线度和平行度

1—平尺；2—水平仪

长度测取一次读数，测取的读数不应少于 5 个，每条导轨相对基准导轨的平行度均应检验；

2）直线度偏差值应以纵向水平仪读数，按本规范附录 B 的规定计算，并应符合表 10.1.1-2 的规定；"

以上摘录了 8 类机床的床身导轨在垂直平面内的直线度的检测方法及示意图。从文字表述中，有如下一些共同点：

（1）均是解体的必须在现场组装的长床身；

（2）直线度允许偏差均用线性值表示（具体数字未摘录）；

（3）检测工具均为专用检具桥板及水平仪，或者是桥板、检验棒、平尺加水平仪（如悬臂刨床、龙门刨床）；

（4）测量间距大多为每隔 500mm 移动一次检具并读数，或者表述为按桥板长度等距离移动检具，仅刨台卧式铣镗床要求为"水平仪直接放在床身导轨上进行测量"（无桥板要求），且行程读数不得少于 5 个；

（5）直线度允许偏差，均要求按新规范附录 B 的规定计算。

3.2.2 从上述五个共性特点中，新规范对检验床身导轨在垂直平面内的直线度的操作方法、要求已经表述很详细、具体，不再作补充解释。但对附录 B 理解以及注意事项如下：

1. 直线度计算方法的历史沿革

（1）20 世纪 70 年代——《机械设备安装工程施工及验收规范第二册金属切削机床安装》TJ（二）231—78 在附录一中的直线度计算方法：

"以长度为 2000mm 床身导轨为例，当检具处于导轨一端的极限位置时，记录一个水平仪读数为 a，然后移动检具每隔 500mm 记录一次读数，当移动到 2000mm 时，又记录三个读数 b、c、d，将四个读数依次在直角坐标上排列，画出 OABCD 运动曲线（见图 3-2）。然后作 m_1n_1//OB、m_2n_2//AC、m_3n_3//BD，分别为每 1m 长度上的包容线（即夹住运动曲线且其间距离为最小的两条平行线），又作 PQ//OD，此乃导轨全长上的包容线，这些平行线间的坐标值 δ_1、δ_2、δ_3 和 $\delta_全$ 分别为各段每 1m 长度

23

上的直线度和全长上的直线度。"

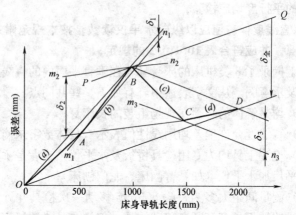

图 3-2 用水平仪检测床身导轨在垂直平面内的直线度运动曲线

对上面这段文字，分解成以下三点便于理解：

1）名称：运动曲线；

2）方法：作包容线；

3）取值：平行线间沿 Y 轴的坐标值。

（2）20 世纪 80～90 年代——《金属切削机床安装工程施工及验收规范》GB 50271—98 在附录一中的直线度计算方法：

"应在床身导轨上与导轨平行放置桥板或专用检具，其上放置水平仪进行测量，在移动桥板时每移一桥板或检具的距离，应近似等于规定的局部公差的测量长度，应在导轨全长上正和反向各测一次。并将正、反向两次测量各对应测量位置的水平仪读数，应取其平均值并换算为单位长度的格值；将所求得的格值依次在坐标纸上累加排列，并应画出直线度偏差曲线。全长上的直线度偏差，应以偏差曲线各点相对其两端点连线间坐标值的最大代数差值计。局部偏差应以任意局部长度上两端点相对偏差曲线两点连线间坐标值的最大代数差值计。"

对上面这段文字，也分解成以下三点，便于比较（见图 3-3）：

1）名称：偏差曲线（画出直线度的偏差曲线）；

2）方法：在床身导轨全长上正向和反向各测量一次，将两次测量结果取其平均值，然后在坐标纸上画出偏差曲线，再作偏差曲线的两端点连线；

3）取值：全长上直线度偏差以偏差曲线各点相对其两端点连线间坐标值的最大代数差值计。

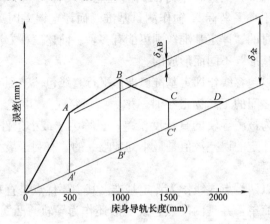

图 3-3　用水平仪测量床身导轨在垂直平面内的直线度偏差曲线

$\delta_{全}$—全长直线度偏差值；δ_{AB}—AB 段局部直线度偏差值

（3）新规范中附录 B 直线度计算方法（见图 3-4）

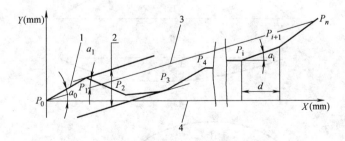

图 3-4　被检线画法及直线度计算

1—被检线；2—直线度偏差；3—代表线；4—测量基准

P_0P_n—两端点相连的代表性；d—测量间距

1）名称：被检线；

2）方法：用水平仪读数画出被检线；

3）取值：全长直线度偏差等于平行于代表线且触及曲线高点和低点的两条直线间在 Y 轴的距离。

2. 三种计算方法比较

众所周知，测量时作为依据的理想直线称为"测量基准"，我们可以用水平坐标 X 轴作测量基准。而评定误差时或计算直线度偏差时的"评定基准"则可能有多种。前述三种方法，都是因"评定基准"不同而形成的。

（1）以包容线作评定基准。即作平行直线包住被测导轨，当平行直线之间的距离为最小时，称为"包容线"，以包容线之间的距离作为被测导轨的直线度误差，也称为"最小条件"。其主要优点是评定的误差数值是最小的和唯一的，有利于最大限度保证产品质量。

（2）以两端点连线作为评定基准。其主要优点是直观和数据处理比较简单，并且两端点连线一般还作为导轨"凸"或"凹"的分界线，即以两端点连线之上的部分作为"凸"，以两端点连线之下的部分作为"凹"，见图 3-5。

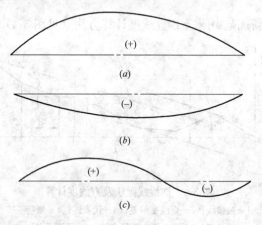

图 3-5　被检线的凸凹形式

从图 3-5 可以看出，（a）、（b）两种情况其评定基准是重合的，直线度计算结果是一致的。但导轨形状呈波折形时[图 3-5（c）]，则两者的评定结果会有出入，即以两端点连线计算的直线度误差（凸起量与凹下量的最大代数差）将大于用包容线计算的直线度误差。

（3）以两端点连线的平行线（触及曲线高点和低点）作为评定基准。这是新规范采用的方法，它是按三个步骤得出直线度计算结果：一是连接被检线的两端点形成代表线；二是作代表线的平行线，且平行线必须触及被检线的最高点和最低点；三是平行线间沿 Y 轴的坐标值即为直线度偏差。从操作步骤来看，较前两种均要烦琐但很严密，表述很严谨。但直线度偏差的大小如何，以图 3-5 的（a）、（b）比较，三种评定基准得出的结果是一致的，以图 3-5（c）比较，则与"两端点连线"评定结果一致，但大于"包容线"法。

以图 3-6 为例，若以包容线作为评定基准，则直线度偏差为 Δ_2；若以后两种方法计算，则直线度偏差是一致的，均为 Δ_1。

$$\Delta_1 = \Delta_b - (-\Delta_a)，显然，\Delta_2 < \Delta_1。$$

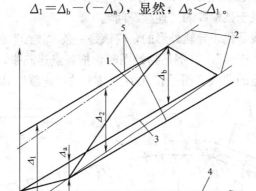

图 3-6　直线度计算方法比较（一）

1—被检线；2—包容线；3—代表线；4—测量基准；5—代表线的平行线

以图 3-7 为例，以后两种方法评定时，其直线度偏差是一致的，均为 $\delta_\text{代}$。

$$\delta_\text{代} = \delta_1 - (-\delta_2)$$

以包容线作评定基准时，其偏差值最小，即 $\delta_\text{包} < \delta_\text{代}$。

3. 结论

综上所述，直线度偏差三种计算方法，新规范规定的方法步骤严密，表述严谨，计算的结果与"两端点连线"一致，实质基本相同，但大于"包容线"法。

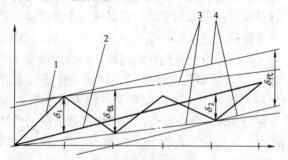

图 3-7　直线度计算方法比较（二）

1—被检线；2—代表线（两端点连线）；3—包容线；4—代表线的平行线

4. 按新规范附录 B 计算时的注意事项

（1）关于被检线的"连续"问题

被检线是代表导轨外形的，应该是一条"连续"的曲线，这里所指的"连续"，并不是指绘图时，把各点连起来，人为地绘成一根相连的曲线，而是指几何意义上的"连续"。以图 3-8 为

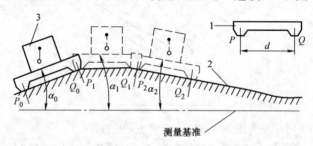

图 3-8　检具移动的连接性

1—专用检具；2—被检线；3—水平仪；d—测量间距

P、Q—测点；α_0、α_1、α_2—被检线与测量基准间倾斜角

28

例，专用检具（或桥板）上的 P、Q 点正好等于测量间距 d，为使最后画出的运动曲线是"连续"的，则检具的放置和移动必须"连续"，如何才算"连续"，即专用检具先放置于 P_0、Q_0 点，然后移动至 P_1、Q_1 点，再移动至 P_2、Q_2 点……但移动时必须确保 Q_0 与 P_1、Q_1 与 P_2 相重合，也就是说检具移动时，一次测量的末点，应该是下次测量的起点，这样测得的读数所绘成的曲线，才称之为是"连续"的曲线。

如果是平尺、等高块组合成的检具，则两等高块之间的距离应相当于上图中的 d，按机床类型和要求不同，一般 $d=250\sim500\text{mm}$。施工现场，工人师傅通常在平尺下面做好记号，以固定等高块的位置。当施工现场没有专用检具或平尺、等高块时，可直接用 $200\text{mm}\times200\text{mm}$ 的方框水平仪对导轨进行检测（刨台卧式铣镗床就是要求水平仪直接放在床身导轨上进行测量，如图 3-9 所示），水平仪的移动也必须连续，我们通常叫做"首尾相接"，不得留下"空档"，这样画出的曲线，才认为是"连续"的。

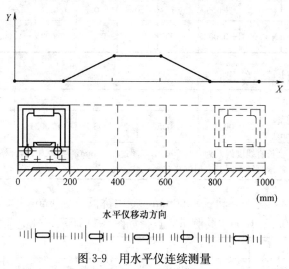

图 3-9 用水平仪连续测量

（2）关于被检线的形状问题

新规范对导轨（被检线）形状的要求大致分为两部分，一是以车床为代表的，如卧式车床、重型卧式车床、重型深孔钻镗床、龙门铣床等要求导轨形状为上"凸"或"中凸"。另一部分是没有具体形状要求的，如龙门刨床等为代表的其余机床，其导轨形状可以"中凸"，也可以"中凹"，也允许波折。

下面分别举例说明。

例1　有一导轨长 2000mm，专用桥板长 250mm，水平仪精度为每格 0.02/1000，共测量 8 点，如图 3-10 所示，现记录如下：

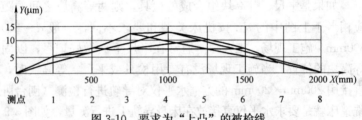

图 3-10　要求为"上凸"的被检线

测点	1	2	3	4	5	6	7	8
格数	+1	+0.5	+1	0	−0.5	−0.5	−1	−0.5
线性值（mm）	+0.005	+0.0025	+0.005	0	−0.0025	−0.0025	−0.005	−0.0025

经计算直线度误差：

测点	0~4	1~5	2~6	3~7	4~8
每米直线度误差(mm)	0.0031	0.0052	0.005	0.0031	0.0021

备注：1. 全长直线度误差为 0.0125mm，未超过 0.02mm，且形状中凸，合格。
　　　2. 每米直线度误差未超过 0.02mm，均合格。

例2　有一导轨长 4000mm，专用桥板长 500mm，水平仪精度为每格 0.02/1000，共测量 8 点，如图 3-11 所示，现记录如下：

测点	1	2	3	4	5	6	7	8
格数	+0.5	+1	−1	−2	−1	+0.5	+1	+2
线性值（mm）	+0.005	+0.01	−0.01	−0.02	−0.01	+0.005	+0.01	+0.02

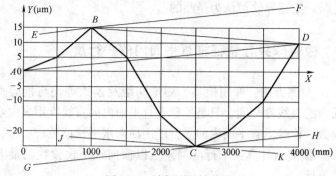

图 3-11　波折形的被检线

全长误差：按新规范规定，一是连接被检线的两端点形成代表线，本例的代表线为 AD；二是作代表线的平行线，且平行线必须触及被检线的最高点和最低点，图 3.11 所示为 $EF/\!/AD/\!/$ GH；三是平行线间沿 Y 轴的坐标值即为直线度偏差。经测量，本例的全长直线度偏差为 0.045mm。如用"包容线"法进行计算，则本例的包容线为 $BD/\!/JK$，全长直线度偏差：平行线间沿 Y 轴的坐标值为 0.0375mm。

每米误差：每米最大直线度偏差在 $1\sim3$ 测点之间为 0.01mm。本例再次说明，前面关于"直线度计算方法的历史沿革"及"三种计算方法比较"中得出的结论，即按新规范被检线的计算方法得出的直线度偏差，大于包容线方法的计算结果。

（3）卧式车床、重型卧式车床的床身导轨的形状要求"凸"

新规范对垂直平面内直线度的被检线（导轨形状）画法及允许偏差，如卧式车床、重型卧式车床，还有重型深孔钻镗床等，要求床身导轨"凸"，其他的机床则未作具体规定。这是因为如果对卧式车床等床身导轨的形状要求"凸"，正确的理解应是为补偿车削（或钻削）过程中，切削力所产生的弹性变形，这是由车床的床身结构所决定的。

导轨的被检线在起点和终点的连线之上，即算为凸起。新规范对凸起要求的表述为"当导轨上所有的点均位于其两端点连线之上时，则该导轨被认为是凸的"。

3.3　检验床身导轨在垂直平面内的平行度

1. 检测方法：专用检具、测量间距及读数等均与检验垂直平面内的直线度相同，只是检验垂直平面内的直线度用纵向水平仪读数，检验垂直平面内的平行度用横向水平仪读数；

2. 偏差值计算：平行度偏差值以横向水平仪读数的最大代数差值计；

3. 注意事项：对龙门铣床、龙门刨床特别强调，"当床身有两条以上导轨时，每条导轨对基准导轨的平行度均应检验"。对其他类型的机床，规范中虽未明确指出每条导轨均应检验，但从检验示意图中检具及水平仪的放置来看，应是"相邻导轨，搭桥检验"，操作时，应特别留意。

3.4　检验床身导轨在水平平面内的直线度

1. 操作要点

（1）用读数显微镜和钢丝作检具，钢丝的直径不得大于 0.2mm；

（2）显微镜固定在专用检具上，显微镜应垂直；

（3）显微镜固定后，应调整钢丝，使显微镜读数在钢丝两端相等；

（4）移动检具在导轨全长上进行检测，且应每隔 500mm 测取一次读数；

（5）对龙门铣床、龙门刨床，钢丝应张紧在起导向作用的 V 形导轨上；

（6）直线度偏差计算，以显微镜读数的最大代数差值计。

2. 影响检测精度的因素

（1）显微镜安装不垂直对检测精度的影响

如图 3-12 所示，当用显微镜和钢丝对床身导轨进行测量时，如果镜头中心线对重力方向倾斜一个角度 α，显微镜在导轨的一端对准钢丝后，当显微镜移动到导轨的中间位置时，由于钢丝有挠度，即使导轨本身并无直线度误差，显微镜也必须移过一段距离 Δ 后，才能对准，因而 Δ 就是测量误差。

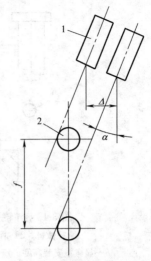

$$\Delta = f \cdot \alpha \quad （因 \alpha 很小）$$

如果显微镜镜头中心线对重力方向倾斜 1°（0.017 弧度），钢丝有 1mm 挠度，则将产生的测量误差为 0.017mm。

图 3-12　显微镜安装不垂直引起的测量误差

1—显微镜；2—钢丝

f—挠度；α—倾斜角；Δ—测量误差

所以，显微镜必须安装垂直，使镜头中心线严格控制在要求垂直的范围内，而且显微镜上必须有可供校正镜头中心线垂直的调整装置。

（2）导轨平行度（扭曲）对检测精度的影响

如图 3-13 所示，当显微镜相对于导轨的安装高度为 h，导轨在垂直平面内的平行度为 γ，测量误差为 δ，则

$$\delta = h \cdot \gamma \quad （因 \gamma 很小）$$

如果　　　　　$h = 500mm$，$\gamma = 0.04/1000$

则　　　　　$\delta = 500 \times (0.04/1000) = 0.02mm$

因此，为减少测量误差，一是必须在床身导轨在垂直平面内的平行度检测合格后，再检测此项；二是显微镜（钢丝）相对于导轨的安装高度越低越好。

（3）外界因素的影响

使用显微镜和钢丝检测床身导轨在水平面内的直线度时，如

33

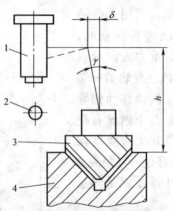

图 3-13 导轨平行度引起的测量误差

1—显微镜；2—钢丝；3—桥板；4—被测导轨

h—显微镜安装高度；γ—垂直平面内平行度；δ—测量误差

果有微风或附近有振动，会使钢丝产生微小的晃动，直接影响测量精度。因此，施工现场一般是在钢丝上挂上几条纸片，并将纸片浸在油杯中，则可收到较好的效果。

3. 可替代的检验方法

根据新规范 2.0.11 条的规定：**"检验机床的几何精度，当随机无专用检具时，可采用能达到本规范规定、且具有同等效果的检具。"**

据此，当施工现场没有显微镜和自准直仪时，可用能达到相同精度要求的其他方法来替代。下面介绍用钢丝、千分尺、耳机（或小电珠）检验水平面内直线度的方法，如图 3-14 所示。千分尺 3 用夹板 1 固定在专用检具桥板 7 上，千分尺与夹板之间应绝缘（垫一张较厚的纸即可）。电源用普通干电池，但不宜用降压后的交流电，因有交流声。线路一端接在千分尺上，另一端接在桥板上，电流通过桥板、床身和固定钢丝的支架传到钢丝 2。当千分尺触头与钢丝刚碰触而尚未完全接触时，电路中就有断续的微电流通过，因为耳机是非常灵敏的，所以立即会发出"拍、拍……"的响声，此时即可读数。若采用小电珠代替耳机，则在灯丝刚发红时读数。当测量较长的导轨时，为了增大千分尺接头与钢丝之间的电位差，并消除在导轨的两端和中间位置测量时，耳机中的响声稍有不同的现象（因电路长度改变，电路的电阻也改变），可适当增大电源的电压（即多加几节电池串联），以进一步提高测量的灵敏度，据现场使用的实践证明，当现场没有显微镜或自准直仪时，用此法测量床身导轨在水平面内的直线度，测量精度可达到 0.01mm。

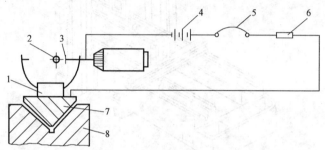

图 3-14　用钢丝、千分尺、耳机测量水平面内直线度

1—夹板；2—钢丝；3—千分尺触头；4—电池；5—耳机；

6—电阻；7—桥板；8—被测导轨

3.5　检验立柱导轨对床身导轨的垂直度

1. 对龙门铣床、龙门刨床等类型的机床，在床身导轨各项预调精度检测合格后，即应马上组装立柱。由于立柱与床身相连接，组装时，如何保持床身预调精度不变，又要控制立柱与床身垂直，这是设备安装的一道重要工序，也为下面安装横梁、刀架奠定基础。

2. 操作要点（见图 3-15）

（1）在床身导轨上靠近立柱处与立柱正导轨平行和垂直两个方向分别放置专用检具、检验棒、平尺，检验棒、平尺上放置水平仪进行检测；

（2）在立柱下部的正、侧导轨面上分别靠贴水平仪进行

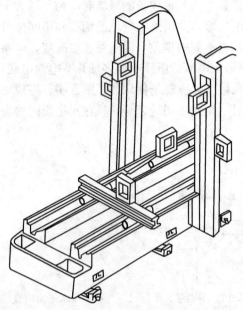

图 3-15　检验立柱导轨对床身导轨的垂直度

检测；

（3）垂直度偏差计算，以立柱导轨与床身导轨上相应位置两水平仪读数的代数差值计。

（4）垂直度倾斜方向：为方便下道工序的安装，并考虑误差补偿等因素，立柱正导轨面应向后倾；立柱侧导轨面应朝一个方向倾斜，不要安装成内"八"字或外"八"字，否则，对安装横梁将造成困难。

3. 影响检测精度的因素

用框式水平仪的工作侧面检测立柱的垂直度，其优点是快速而方便，计算结果也简单。影响检测精度的因素主要是水平仪有一定的重量，且气泡停下来需要一定时间，要仔细观测读数，易使操作者的手因疲劳而颤抖，从而影响检测精度。对此，可在被测表面吸附一块磁铁，再将水平仪靠贴上，这样就只需加不大的力，即可保持水平仪稳定。

3.6　检验两立柱正导轨面的共面度

　　本项检测一般是在立柱吊装后用平尺靠贴立柱的正导轨面，用 0.03mm 塞尺检查平尺与正导轨面之间的间隙，以不得插入为宜；如现场受条件所限没有大平尺时，则待横梁吊装后，检查横梁与立柱正导轨面之间的间隙，其效果等同。

4　几何精度检测

由于规范的内容是以条文的形式出现的，因此在几何精度检测的解读中，为了避免重复，主要阐述每类机床几何精度检测时的共性内容，如检验工作台（或溜板）移动在垂直平面内的直线度、检验工作台（或溜板）移动在垂直平面内的平行度、检验工作台（或溜板）移动在水平面内的直线度等。

4.1　检验溜板（或工作台）移动在垂直平面内的直线度

（1）检验方法：将预调精度中所使用的专用检具（桥板）、检验棒、平尺等改为溜板（或工作台），将水平仪沿纵向直接放置于溜板（或工作台）上，每隔 500mm 在全行程上移动溜板（或工作台）进行检测，并记录水平仪读数。

（2）直线度偏差计算：按新规范附录 B 的规定进行计算。

（3）操作注意事项：

1）被检线的取值与预调精度检验不同

如图 4-1 所示，在实际作图中，被检线的总长度大于溜板（或工作台）实际移动的总距离（相差为溜板一次移动的距离），当溜板（或工作台）每次移动距离为 500mm，其全部行程为 2500mm 时，画出的被检线将是 3000mm。这是因为水平仪实际的读数数目（包括溜板在起始位置所占据的床身长度上的读数），多了一个溜板（或工作台）实际移动的次数所引起的。

因此，在计算溜板（或工作台）移动在全部行程上直线度的偏差时，应去掉溜板（或工作台）移动在起始位置所占的测量长度。这样，当正、反两次往复移动溜板（或工作台）来计算全行程上直线度的偏差时，就出现两个偏差值。一般情况下，溜板

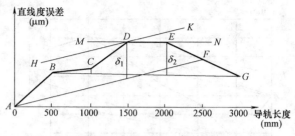

图 4-1　溜板移动在垂直平面内直线度的被检线

（或工作台）移动全行程上直线度的偏差值，应取其最大值，简称为"两次取值法"。按附录 B 的规定，图 4-1 所示的被检线，假设溜板起始位置是从左至右移动，得出的被检线为 $ABCDEF$，连接首尾两点 AF 得代表线，作代表线的平行线 HK，则 HK 与 AF 之间沿 Y 轴的坐标值 δ_1 即为溜板移动在全行程上的直线度偏差。当溜板从右至左返回时，也测量一次读数，画出被检线为 $BCDEFG$，连接 BG 两点代表线，再作代表线 BG 的平行线 MN，则 BG 与 MN 之间沿 Y 轴的坐标值 δ_2 即为溜板自右向左移动在全行程上的直线度偏差。两个直线度偏差 δ_1、δ_2，按取最大值的原则，若 $\delta_1 > \delta_2$，则取 δ_1 为全部行程上的直线度偏差值。

2）应特别重视纵向安装水平对垂直平面内直线度的影响

以图 4-2 为例，溜板在全行程上每隔 500mm 检测一次，画出被检线为 $ABCDEFG$。按附录 B 的规定，连接 AG 形成代表线，再作代表线 AG 的平行线，使 $HK /\!/ AG /\!/ MN$，则 HK 与 MN 之间沿 Y 轴的坐标值 δ 即为溜板全行程在垂直平面内的直线度偏差，经测量 $\delta \approx 0.04\text{mm}$。从直线度偏差值来看，数值不大，也可能没有超差，但从被检线的形状来看，则不太理想，首先是被检线的形状为波折形，如果按"中凸"的要求，其趋势、走向不但不是"中凸"，而是"中凹"；其次是被检线的末端与起始端相比，"翘头"太多，G 点与 B 点相比高出约 0.055mm，这是纵向安装水平造成的。在预调精度检测中，已多次提到安装水平只是打基础，不作考核，这里为什么又把它提出来呢。规范对安装

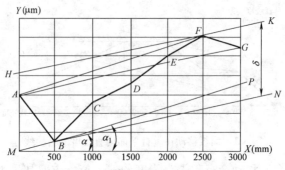

图 4-2　安装水平对被检线的影响

水平的要求是这样表述的："在床身导轨的两端和中间"或"在床身导轨的接缝处按纵、横向放置水平仪进行检测"。这个要求是指在床身导轨的局部某处，水平仪的读数不得超过某一数值。由于以后不再考核，只要当时某几处的水平仪读数合格就可以。但在移动溜板（工作台），检验溜板（工作台）移动在垂直平面内的直线度并最后画出被检线时，才发现被检线的形状不太理想，除波折形外，还存在末端"翘头"太多，这个"翘头"是 α 角造成的。α 角是代表线的平行线与横坐标轴 X 的夹角，这个夹角的正切值，即为床身导轨全长的纵向安装水平。20 世纪 70 年代称为"纵向水平度"，是以包容线与横坐标轴 X 的夹角的正切值计算的。图 4-2 中的包容线为 $AF /\!/ MP$，其 α_1 的正切值为：

$$\text{tg}\alpha_1 = \frac{0.036}{3000} = \frac{0.012}{1000}\ (\text{即 } 2.4'')$$

虽然检测时，每次水平仪读数值均很小，且最终直线度偏差值也未超差，但在水平仪读数时，应随时掌握其偏移的方向，在前面曾经提到要"总揽全局"的概念，这里只是举了一个 3000mm 长的床身为例，如果是安装 10m、20m 或是更长的多段连接的床身时，如不即时控制，则将难以掌控全局。如本例应从 C 点、D 点开始就要进行调整。

新规范对坐标镗床检验工作台纵向移动在垂直平面内的直线度和平行度时，单独对安装水平提出了要求，现摘录如下：

40

"5.2.2 调整机床的安装水平时，应将工作台置于行程的中间位置，工作台面中央纵、横向放置水平仪进行检测，水平仪读数不应大于 0.02/1000。

5.2.3 检验工作台纵向移动在垂直平面内的直线度和平行度时（图 5.2.3），应符合下列要求：

1 检验双柱坐标镗床时，应将横梁、垂直主轴箱置于行程的中间位置并锁紧；检验单柱坐标镗床时，应将滑座置于行程的中间位置并锁紧；

2 应在工作台面的中央，沿纵、横向放置精密水平仪，床身导轨的两端各检测一次，并应使精密水平仪在两端点的读数相同；"

规范中 5.2.2 条是检验安装水平的规定，而 5.2.3 条是检验工作台纵向移动在垂直平面内的直线度和平行度的，但在第 2 款中，再次强调"应在工作台面的中央，沿纵、横向放置精密水平仪，并在床身导轨的两端各检测一次，并应使精密水平仪在两端点的读数相同；"这个"使精密水平仪在两端点的读数相同"就是明确要求，应使导轨的两端处于水平状态后，才能移动工作台，检验垂直平面内的直线度和平行度。这就充分说明，纵、横向安装水平，对坐标镗床的工作台纵向移动在垂直平面内的直线度和平行度是非常敏感的，所以特别单独作出规定。

3）为什么有的机床直线度偏差值用角度值表示

在预调精度检测中，检验床身导轨在垂直平面内的直线度以及几何精度检测时的检验溜板（工作台）移动在垂直平面内的直线度，其直线度的允许偏差，都是以线性值表示的，即"在任意 500mm 检测长度上局部允许偏差为 0.0×mm"；"在全长上允许偏差为 0.0×mm"，且允许偏差的计算均按新规范附录 B 的规定执行。但新规范对坐标镗床、卧式精镗床、内圆磨床、拉刀刃磨床、丝锥磨床、插床等 6 类机床的几何精度检测中，即检验工作台移动在垂直平面内的直线度时，直线度允许偏差是用角度值表示的，即"允许偏差为 $\frac{0.0\times}{1000}$"；检测间距为"每隔 200mm 测取一次精密水平仪的读数，在全行程上测取的读数不应少于 5 个"；直线度偏差值计算是"以纵向精密水平仪读数的最大代数值计。"现摘录如下：

"5.2.3 检验工作台纵向移动在垂直平面内的直线度和平行度时（图 5.2.3），应符合下列要求：

1 检验双柱坐标镗床时，应将横梁、垂直主轴箱置于行程的中间位置并锁紧；检验单柱坐标镗床时，应将滑座置于行程的中间位置并锁紧；

2 应在工作台面的中央，沿纵、横向放置精密水平仪，床身导轨的两端各检测一次，并应使精密水平仪在两端点的读数相同；

3 应沿纵向移动工作台，在全长上进行检测，并应每隔 200mm 测取一次精密水平仪读数，且在全行程上测取的读数不应少于 5 个；

4 直线度和平行度偏差值应分别以纵、横向精密水平仪读数的最大代数差值计，并应符合表 5.2.3 的规定。

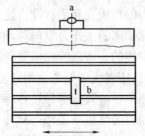

图 5.2.3 检验工作台纵向移动在垂直平面内的直线度和平行度
a—检验直线度的水平仪；b—检验平行度的水平仪

表 5.2.3 工作台纵向移动在垂直平面内的直线度和平行度的允许偏差

工作台面宽度 (mm)		≤320	>320~450	>450~800	>800~1400	>1400
机床精度等级	精密级	0.010/1000	0.0125/1000	0.015/1000	0.020/1000	0.025/1000
	普通精度级	0.015/1000	0.015/1000	0.020/1000	0.025/1000	0.030/1000

5.6.2 检验卧式精镗床工作台移动在垂直平面内的直线度和平行度时（图5.6.2），应在工作台面中央，与工作台移动方向平行和垂直各放一水平仪，并等距离移动工作台进行检测，在全行程上测取的读数不应少于3个；直线度和平行度偏差值应分别以水平仪读数的最大代数差值计，精密级卧式精镗床不应大于0.015/1000，普通精度级卧式精镗床不应大于0.020/1000。

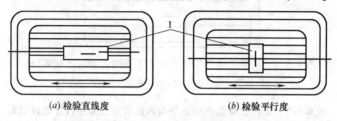

(a) 检验直线度   (b) 检验平行度

图5.6.2 检验卧式精镗床工作台移动在垂直平面内的直线度和平行度
1—水平仪

6.3.2 检验工作台移动在垂直平面内的直线度和平行度时，应符合下列要求：

1 检验直线度时，应在工作台的中央放置专用检具，在专用检具上应平行于工作台移动方向放置水平仪，移动工作台进行检测，并应在工作台行程的两端和中间位置测取读数；

2 检验平行度时，应在专用检具上垂直于工作台移动方向放置水平仪，移动工作台进行检测，并应在工作台行程的两端和中间位置测取读数；

3 直线度和平行度允许偏差值应分别以水平仪读数的最大代数差值计，并应符合表6.3.2的规定。

表6.3.2 工作台移动在垂直平面内的直线度和平行度的允许偏差

工作台行程(mm)	允 许 偏 差	
	直 线 度	平 行 度
≤500	0.03/1000	0.02/1000
>500	0.04/1000	0.03/1000

6.5.4 检验拉刀刃磨床工作台移动在垂直平面内的直线度和平行度时（图6.5.4），应在工作台面中央，按纵、横向各放一水平仪，移动工作台，在工作台有效行程的两端和中间三个位置进行检测；直线度和平行度偏差值应分别以纵、横向水平仪读数的最大代数差值计，并应符合表6.5.4的规定。

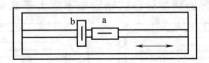

图6.5.4 检验工作台移动在垂直平面内的直线度和平行度
a—检验直线度的水平仪；b—检验平行度的水平仪

表6.5.4 工作台移动在垂直平面内的直线度和平行度允许偏差

最大刃磨拉刀长度(mm)	允 许 偏 差
≤800	0.04/1000
>800～1800	0.06/1000
>1800	0.08/1000

8.1.3 检验工作台移动在垂直平面内的直线度和工作台移动的平行度时，应符合下列要求：

1 应在工作台中间位置放置专用桥板，桥板上按床身纵、横向放置水平仪，移动工作台在全行程的两端和中间位置上进行检测；

2 直线度和平行度偏差值，应分别以纵、横向水平仪读数的最大代数差值计，在工作台全行程上直线度偏差值不应大于0.04/1000；平行度偏值差不应大于0.03/1000。

10.2.2 检验床鞍和工作台移动在垂直平面内的直线度时（图10.2.2），应符合下列要求：

1 检验床鞍移动的直线度时，应将工作台置于其行程的中间位置，在工作台面中央沿纵向放置水平仪，移动床鞍在其行程的两端和中间三个位置上进行检测；

2 检验工作台移动的直线度时，应将床鞍置于其行程的中间位置，在工作台面中央沿横向放置水平仪，并移动工作台在其行程的两端和中间三个位置上进行检测；

3 纵、横向直线度偏差值应分别以其水平仪读数的最大代数差值计，并均不应大于 **0.06/1000**。"

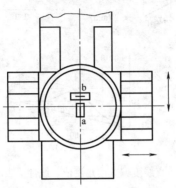

图 10.2.2　检验床鞍和工作台移动在垂直平面内的直线度
a—检验床鞍移动直线度的纵向水平仪；
b—检验工作台移动直线度的横向水平仪

上述 6 类机床的直线度偏差值为什么要用角度值表示，线性值与角度值表示有什么区别。

如图 4-3 所示，假定导轨长 1000mm，测量间距为 250mm，水平仪精度为每格 0.02/1000，要求直线度偏差的角度值为 0.04/1000。

图 4-3（a）　测量记录（格）：+1；　+1；　−1；　−1
　　　　　　角度值：　　0.04/1000
　　　　　　线性值：　　0.01mm

图 4-3（b）　测量记录（格）：+2；　0；　0；　−2
　　　　　　角度值：　　0.08/1000
　　　　　　线性值：　　0.01mm

图 4-3（c）　测量记录（格）：+1；+2；−1；　0
　　　　　　角度值：　　0.06/1000
　　　　　　线性值：　　0.01mm

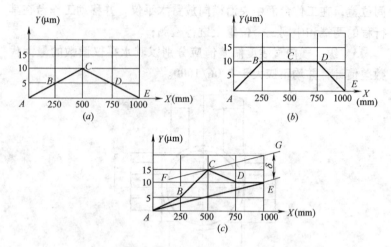

图 4-3 直线度偏差用角度值、线性值表示比较

按规范附录 B 的规定，图 4-3（c）计算线性值时，应先作被检线 ABCDE 的代表线，即连接 AE，再作 AE 的平行线 FG，FG 与 AE 之间沿 Y 轴的坐标值 δ 即为直线度偏差值，经测量，仍为 0.01mm。至于图 4-3（a）、（b），因代表线与横坐标轴 X 是重合的，用不着再作平行线了，直接即可得出直线度偏差为 0.01mm。

从以上 3 个图中看出，当线性值为 0.01mm 时，图 4-3（a）所示，为直线度偏差角度值的最佳情况，即 0.04/1000，符合要求；而图 4-3（b）则为最坏的情况，直线度偏差角度值为 0.08/1000。因此对床身导轨较短，工作台（或溜板）较长的机床，如坐标镗床、卧式精镗床、内圆磨床、拉刀刃磨床、丝锥磨床、插床等，检验工作台移动在垂直平面内直线度时，其允许偏差用角度值控制比线性值更严密、精确。因工作台每次移动的间距，比工作台本身的长度要短得多。当线性值为 0.01mm 不变时，角度值可在 0.04/1000～0.08/1000 范围内变化。这种要求和表示，虽然比线性值表示严密、精确，但它不能像线性值那样形象地画出被检线，从而反映出移动部件在导轨表面的几何形状。

4.2 检验溜板（或工作台）移动在垂直平面内的平行度

（1）作用：与检验溜板（或工作台）移动在垂直平面内的直线度构成机床的基准平面，在此基准平面上进行机床各项几何精度的检测，它是保证机床加工零件精度的主要基础精度。

（2）检验方法、检具及测量间距等基本上与检验溜板（或工作台）移动在垂直平面内的直线度相同，且是同时进行的，只是水平仪放置不同，直线度为纵向放置，平行度为横向放置，平行度偏差计算以水平仪读数的最大差值计。

（3）检测时，注意处理好与横向安装水平的关系，虽然安装水平不作考核，但各项检验，必须"统筹兼顾"。

4.3 检验溜板（或工作台）移动在水平面内的直线度

关于水平面内的直线度检验，在本书第3章3.4节"检验床身导轨在水平面内的直线度"中，对操作要点、影响精度的因素，已作了详细说明，这里同样适用，不再重复。但在几何精度检测时，与预调精度不同之处在于强调的是钢丝放置的位置。新规范对重型卧式车床、重型深孔钻镗床表述如下：

"**3.5.3 检验溜板移动在水平面内的直线度时（图3.5.3），应在机床中心高的位置上沿导轨方向绷紧一根直径不大于**

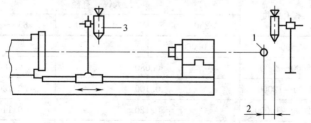

图3.5.3 检验溜板移动在水平面内直线度

1—钢丝；2—钢丝与显微镜零位间的偏差；3—显微镜

47

0.2mm 的钢丝，显微镜固定在溜板上，调整钢丝，使显微镜在钢丝两端的读数相等后移动溜板，在全行程上检测，并应每隔 500mm 测取一次显微镜读数。直线度偏差值应以显微镜读数的最大代数差值计，并应符合表 3.5.3 的规定。"

表 3.5.3　溜板移动在水平面内的直线度的允许偏差（mm）

最大工件长度	床身上最大回转直径	
	≤1600	＞1600
≤5000	0.040	0.050
＞5000～8000	0.050	0.060
＞8000～12000		
＞12000～16000	0.060	0.070
＞16000～20000		

注：在任意 500mm 检测长度上局部允许偏差为 0.015mm。

"5.1.3　检验钻杆箱移动在水平面内的直线度时（图 5.1.3），应将各中心架置于工件主轴箱一端，机床中心高的位置上沿床身导轨方向绷紧一根直径不大于 0.2mm 的钢丝，显微镜固定在钻杆箱的滑板上，调整钢丝使显微镜读数在钢丝两端相等后，移动箱体在全行程上进行检测，并应每隔 500mm 测取一次显微镜读数，直线度偏差值应以显微镜读数的最大代数差值计，并应符合表 5.1.3 的规定。"

表 5.1.3　钻杆箱移动在水平面内的直线度的允许偏差（mm）

最大镗孔深度	最大镗孔直径		
	＞250～400	＞400～630	＞630～1000
≤5000	0.060	—	
＞5000～8000	0.080		0.100
＞8000～12000	0.100		0.120
＞12000～16000	0.120		0.140
＞16000～20000	0.140		0.160

注：在任意 500mm 检测长度上的局部允许偏差为 0.020mm。

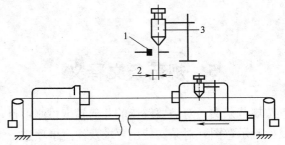

图 5.1.3　检验钻杆箱移动在水平面内的直线度

1—钢丝；2—钢丝与显微镜零位间的偏差；3—显微镜

　　这里要求的重点是"在机床中心高的位置上沿床身导轨方向绷紧一根直径不大于 0.2mm 的钢丝"，强调了钢丝的位置，必须"在中心高处"。20 世纪 70 年代，武汉重型机床厂编制的《重型普通车床精度》，本项检验项为"刀尖移动在水平面内的直线度"。虽然形式上是移动溜板进行检验，但实质是检验刀尖的运动轨迹，控制此项精度，在于保证加工工件母线的直线度。

　　对其他类型的机床，虽未明确规定钢丝固定的位置，只是表述"在工作台两端……"或"床身导轨有两端……"等，但钢丝固定的高度，不宜太高，如太高，将增加本检验项的误差。

5 规范条文释义

以下按规范条文，对需要解读的几何精度检测项目，摘录规范条文及检验示意图，对条文使用要求及注意事项进行解读。

【3.2 回轮、转塔车床】

3.2.1 条是检验安装水平的规定，3.2.2 条是检验溜板移动在垂直平面内直线度和溜板移动的平行度的规定。

应特别注意的是水平仪放置的位置和方向，条文中表述的是"纵、横向放置水平仪"、"将水平仪纵向放在溜板上"及"将水平仪横向放在溜板上"。这里关键是对纵向和横向的理解，在机床行业有一个约定俗成的规定，即："与部件运动方向相平行的方向称为纵向；与部件运动方向垂直的方向称为横向"。

3.2.3 条是检验滑鞍型转塔车床和回轮车床的转塔溜板移动对主轴轴线的平行度的规定；3.2.4 条是检验滑枕型转塔车床的上滑板移动对主轴轴线的平行度的规定。

这两条均为检验溜板移动对主轴轴线的平行度。应注意：一是主轴轴线在现场施工时是看不见的，它是用一根精度较高、具备一定长度的圆柱体——检验棒来代替的，也就是检验工具是指示器和检验棒；二是在主轴上安装检验棒代表主轴旋转轴线时，应考虑到检验棒轴线与主轴旋转轴线不重合这样一个事实，因此测量时，应将主轴旋转 180°后，再重复测量一次，并以两次读数的代数和之半计，以消除两轴线不重合的误差。

【3.3 单柱、双柱立式车床】

3.3.1 条共检测三项，条文对如何操作已叙述得很清楚，下面对照图 3.3.1，强调一下注意事项。

一是注意对圆床身的纵、横向的区分问题，因条文中提到"在工作台中央按纵、横向放置等高块、平尺……"。纵横向的含

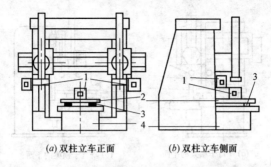

(a) 双柱立车正面　　　　(b) 双柱立车侧面

图 3.3.1　检验立柱导轨对工作台或底座导轨的垂直度
1—水平仪；2—平尺；3—等高块；4—工作台或底座

义可以这样理解：与立柱正导轨面平行的方向（也就是上图中的双柱立车正面）称为纵向；与立柱正导轨面垂直的方向（也就是上图中的双柱立车侧面）称为横向；二是注意第二款第 1 项中要求"平尺检验面与工作台面调整平行"问题，这是非常重要的，平尺检验面必须与工作台面或底座导轨调整平行后，才能进行检测；三是注意垂直度的倾斜方向问题，正面一般应使双立柱略微向后仰，以便横梁吊装后，得到受力补偿，侧面根据施工经验，一般应朝一个方向倾斜，切记不要安装成内八字或外八字。

3.3.3 条是检验横梁垂直移动对工作台面的垂直度的规定。条文对如何操作已叙述得很清楚，对照图 3.3.3，强调一下注意事项。

一是注意"上、中、下三个部位进行检测……且在 1000mm 检测长度范围内记录不少于 3 个读数"，这里读者应仔细理解；二是注意垂直度偏差值为什么平行于横梁的平面小于垂直于横梁的平面（见新规范 3.3.3 条第 3 款的内容），这里可这样理解：如果横梁垂直移动对工作台面的垂直度超差，在横梁与立柱的侧导轨面处，有镶条可以调整，正导轨面即平行于横梁的平面则无法调整。

3.3.5 条是检验侧刀架移动对工作台旋转轴线的平行度或侧刀架移动对工作台面的垂直度的规定。

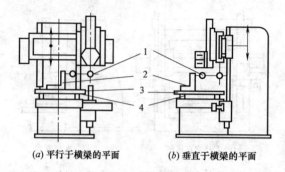

(a) 平行于横梁的平面　　　　(b) 垂直于横梁的平面

图 3.3.3　检验横梁垂直移动对工作台面的垂直度

1—指示器；2—角尺；3—平尺；4—等高块

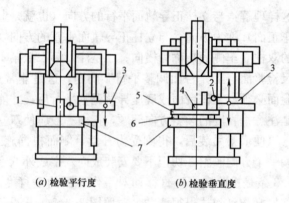

(a) 检验平行度　　　　(b) 检验垂直度

图 3.3.5　检验侧刀架移动对工作台旋转轴线的平行度或

侧刀架移动对工作台面的垂直度

1—检验棒；2—指示器；3—侧刀架；4—角尺；5—平尺；6—等高块；7—工作台

　　这里解释两个要点：一是图 3.3.5 中的（a）、（b）两种方法是等效的。对小型立车采用检验棒［图 3.3.5（a）］，大型立车指示器表杆过长影响测量准确性，可用较大的角尺代替检验棒进行测量［图 3.3.5（b）］。使用其中任一种测量方法均可；二是"旋转工作台使检验棒与工作台垂直"，这点相当重要。原规范的表述是"并应找正"，表达较模糊；新规范为"旋转工作台使检验棒与工作台垂直"。需要注意这句话有两层含义：一是指出了施工方法，用旋转工作台的方法来找正，二是找正要达到的要求是使检验棒与工作台垂直。

【3.5　重型卧式车床】

3.5.1条是对检验机床的预调精度的规定。

重型卧式车床的预调精度共5项，除常规的4项外，增加了一项刀架床身导轨对工件床身导轨的平行度，这由机床结构确定，如果不是分离床身，此项可不检验。本条主要技术内容解读共3点：

1. 检验床身导轨在垂直平面内的直线度时，特别强调，"每条导轨均应检验"，不得遗漏；规定了局部允许偏差，其目的是防止全长上的偏差，集中出现在局部上面，比如床身导轨的接头处，还规定了"只许凸"的要求，并按附录B的规定计算直线度偏差；

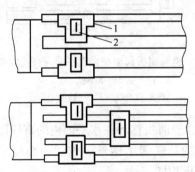

图 3.5.1-2　检验床身导轨在垂直平面内的平行度
1—专用检具；2—水平仪

2. 检验床身导轨在垂直平面内的平行度，条文中虽未写明每条导轨均应检验，但从上面的检验示意中看出，应是"相邻导轨，搭桥检验"；

3. 检验床身导轨在水平平面内的直线度时，关键注意两点：一是仅检验导向导轨；二是"调整钢丝，使显微镜读数在钢丝两端相等"。因为只有显微镜读数在钢丝两端相等后，才能用钢丝作为测量基准。关于"钢丝直径不大于 0.2mm",是根据《机床检验通则 第 1 部分:在无负荷或精加工条件下机床的几何精度》GB/T 17421.1—1998 规定列入的。

3.5.2 条是检验溜板移动在垂直平面内的直线度和平行度的规定。

本条需要注意的是"在溜板上靠近前导轨处,沿纵向放一水平仪",这里强调的是前导轨,其余均与前述要求相同。

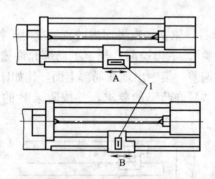

图 3.5.2　检验溜板移动在垂直平面内直线度和平行度

1—水平仪

A—检验直线度;B—检验平行度

3.5.3 条是检验溜板移动在水平面内的直线度的规定。

本条应注意的是强调了钢丝的位置,必须"在中心高处",其余均与前述要求相同。

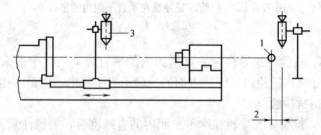

图 3.5.3　检验溜板移动在水平面内直线度

1—钢丝;2—钢丝与显微镜零位间的偏差;3—显微镜

3.5.4 条是检验尾座移动对溜板移动的平行度的规定。

本条应注意以下三点：

1. 将尾座套筒缩回并锁紧；

2. 尾座与溜板必须一起移动；

3. 垂直平面和水平平面的平行度偏差值应分别计算。

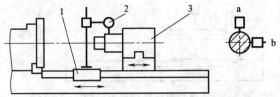

图 3.5.4　检验尾座移动对溜板移动的平行度

1—溜板；2—指示器；3—尾座

a—尾座套筒端面垂直平面的母线；b—尾座套筒端面水平平面的母线

3.5.5 条是检验主轴的轴向窜动的规定。

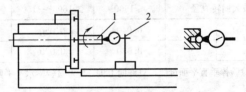

图 3.5.5　检验主轴的轴向窜动

1—检验棒；2—指示器

这里应注意的是检具应是一根特殊的检验棒，要求中心孔内应能放下钢球，且使指示器与钢球紧密接触。

3.5.6 条是检验主轴锥孔轴线的径向跳动的规定。

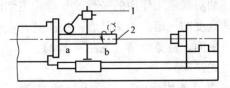

图 3.5.6　检验主轴锥孔轴线的径向跳动

1—指示器；2—检验棒

a—靠近主轴端面检测位置；b—距主轴端面 500mm 处检测位置

按条文的表述为三层含义：一是 a、b 两处分别检测和计值；二是每处均检测四次（每旋转 90°检测一次）；三是四次检测结果代数和的平均值，即为 a、b 两处的径向跳动偏差。

3.5.7 条是检验溜板移动对主轴轴线的平行度的规定。

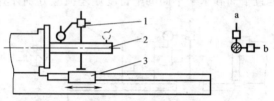

图 3.5.7　检验溜板移动对主轴轴线的平行度

1—指示器；2—检验棒；3—溜板

a—检验棒垂直平面母线；b—检验棒水平平面母线

表 3.5.7　溜板移动对主轴轴线的平行度的允许偏差 （mm）

床身上最大回转直径		≤1600	>1600～3150	>3150
允许偏差	a	0.040	0.050	0.060
	b	0.030	0.030	0.040

注：a 为检验棒垂直平面母线，只许向上偏，b 为检验棒水平平面母线，只许向前偏。

关于表 3.5.7"注"的内容，主要是为平衡工件的重量和车刀的切削力。

【4.1　摇臂钻床】

4.1.1 条是为检验安装水平的规定，4.1.2、4.1.3 条分别为检验主轴箱移动对底座工作面的平行度和检验主轴回转轴线对底座工作面的垂直度的规定。条文已表述很清楚，主要注意分清纵向平面和横向平面，避免混淆（见图 4.1.3）。

【4.2　立式钻床】

4.2.1、4.2.2 条均为检验安装水平的规定，与摇臂钻床一样，对纵、横向的区分，应特别予以关注，请看图 4.2.1-1识别。

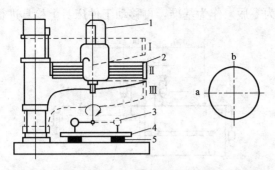

图 4.1.3 检验主轴回转轴线对底座工作面的垂直度

1—主轴箱；2—摇臂；3—指示器；4—平尺；5—等高块

a—底座纵向平面；b—底座横向平面；Ⅰ、Ⅱ、Ⅲ—摇臂在其行程的
上、中、下测量位置

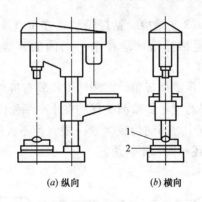

(a) 纵向   (b) 横向

图 4.2.1-1   检验圆柱立式钻床的安装水平

1—水平仪；2—平尺

【5.1 重型深孔钻镗床】

在应用本节时，首先应对重型深孔钻镗床的结构有一大致的了解，它分主轴箱固定型和主轴箱移动型，在主轴箱移动型中又有工件床身和钻杆床身，因此检验项目较多，也较烦琐。在预调精度检验中多了一项"检验工件床身对钻杆床身在水平面内的平行度"（见图 5.1.1-4）。它是以钻杆床身段上的钢丝两端的显微

镜读数调为零后，作为基准，再移动工件床身上检具进行检验。

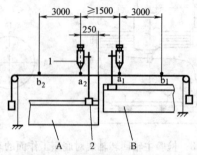

图 5.1.1-4　检验工件床身对钻杆床身在水平面内的平行度

1—显微镜；2—专用检具

A—工件床身；B—钻杆床身

a_1、b_1—钻杆床身两端的测点；a_2、b_2—工件床身两端的测点

5.1.2、5.1.3 条是检验钻杆箱移动在垂直平面内的直线度和平行度、检验钻杆箱移动在水平面内的直线度的规定（图5.1.2-1、图5.1.3）。

它相似于车床的溜板箱，即相似于检验溜板移动在垂直平面内的直线度和平行度、检验溜板移动在水平平面内的直线度，同样要求"在机床中心高的位置绷紧一根直径不大于 0.2mm 的钢丝"。其余与前述相同，不再重复。

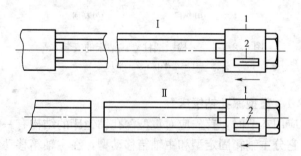

图 5.1.2-1　检验钻杆箱移动在垂直平面内的直线度

1—钻杆箱滑板；2—水平仪

Ⅰ—主轴箱固定型；Ⅱ—主轴箱移动型

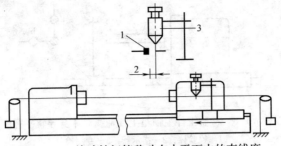

图 5.1.3 检验钻杆箱移动在水平面内的直线度
1—钢丝；2—钢丝与显微镜零位间的偏差；3—显微镜

5.1.4～5.1.6 条分别是检验工件主轴箱主轴锥孔轴线的径向跳动、工件主轴箱主轴的轴向窜动、工件主轴箱主轴轴线对床身导轨的平行度的规定。

此规定相似于重型卧式车床床头箱的 3 项检验，见检验示意图 5.1.4～图 5.1.6，不再重复解释。

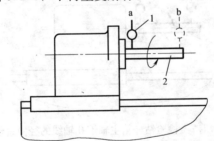

图 5.1.4 检验工件主轴箱主轴锥孔轴线的径向跳动
1—指示器；2—检验棒
a—靠近主轴端部测点；b—距主轴端部 500mm 处测点

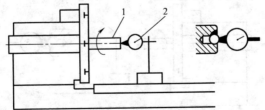

图 5.1.5 检验工件主轴箱主轴的轴向窜动
1—检验棒；2—指示器

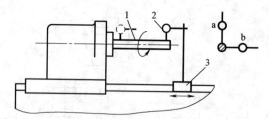

图 5.1.6　检验工件主轴箱主轴轴线对床身导轨平行度

1—检验棒；2—指示器；3—专用检具

a—检验棒垂直平面的母线；b—检验棒水平平面的母线

5.1.7～5.1.9 条分别检验钻杆箱主轴锥孔轴线的径向跳动、钻杆箱主轴的轴向窜动、钻杆箱主轴轴线对床身导轨的平行度的规定。

工件床身上的工件主轴箱安装并检验后，最后检验钻杆床身上的钻杆箱的安装项目，见检验示意图 5.1.7～图 5.1.9，不再重复解释。

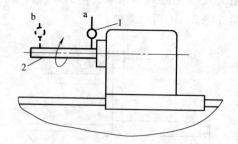

图 5.1.7　检验钻杆箱主轴锥孔轴线的径向跳动

1—指示器；2—检验棒

a—主轴端部检测点；b—距主轴端部 500mm 处检测点

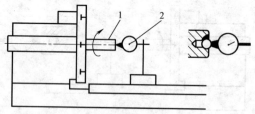

图 5.1.8　检验钻杆箱主轴的轴向窜动

1—检验棒；2—指示器

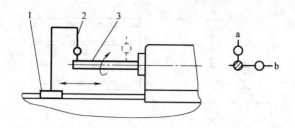

图 5.1.9 检验钻杆箱主轴轴线对床身导轨的平行度

1—专用检具；2—指示器；3—检验棒

a—检验棒垂直平面的母线；b—检验棒水平平面的母线

【5.2 坐标镗床】

5.2.3 条是检验工作台纵向移动在垂直平面内的直线度和平行度的规定。

本条主要技术内容解读有以下 4 点：

1. 请注意使用的检具是精密水平仪，不是普通水平仪；

2. 纵向移动工作台前，首先用精密水平仪在床身导轨的两端各检测一次，并使精密水平仪在两端点的读数相同（其理由是使床身导轨的一端或另一端不要倾斜过多，即不要"翘头"）；

3. 纵向移动工作台，检测间距为 200mm，且全行程上测取的读数不得少于 5 个；

4. 直线度和平行度偏差均以精密水平仪读数的最大代数差计，且直线度偏差以角度值表示（第一次出现）。至于角度值与线性值的区别，前面已经解释，这里不再重复。

5.2.4 条是检验垂直主轴轴线对工作台面在纵向平面和横向平面内的垂直度的规定。

本条注意纵向平面和横向平面各检测两次（主轴旋转 180°后再重复检测一次）共检测四次（见图 5.2.4）。

5.2.6 条是检验水平主轴轴线对工作台纵向移动的垂直度的规定。

注意本条第 2 款，为了满足"调整平尺，使其检验面与工作

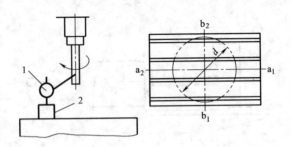

图 5.2.4　检验垂直主轴轴线对工作台面的垂直度

1—指示器；2—等高块或平尺

a_1、a_2—机床纵向平面；b_1、b_2—机床横向平面；d—检测直径

台纵向移动方向平行"的要求，使指示器在平尺两端的读数相等，则平尺检验面与工作台纵向移动方向就平行了，见图 5.2.6。

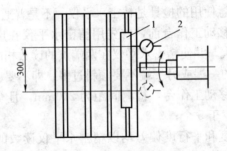

图 5.2.6　检验水平主轴轴线对工作台纵向移动的垂直度

1—平尺；2—指示器

5.2.7 条是检验水平主轴轴线对垂直主轴轴线的相交度的规定。

本条应注意指示器是固定在垂直主轴上，指示器测头触及水平箱主轴检验棒的圆柱表面上，当垂直主轴旋转 180°时，应注意不得改变指示器的初始状态，否则会影响旋转后测量的准确性，见图 5.2.7。

62

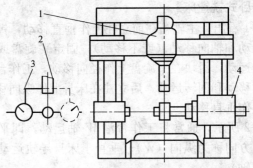

图 5.2.7　检验水平主轴轴线对垂直主轴轴线的相交度

1—垂直主轴箱；2—检验棒；3—指示器；4—水平主轴箱

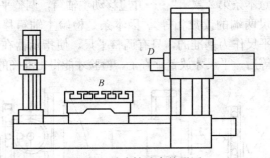

图 5-1　卧式铣镗床外形图

D—镗轴直径；B—工作台面宽度

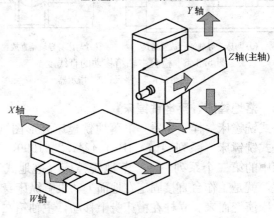

图 5-2　卧式铣镗床轴线运动坐标命名

【5.3 卧式铣镗床】

从图 5-1 看出，主轴箱在前立柱上作垂直移动，镗轴在箱体内作回转运动和轴向移动（或不移动），固定平旋盘或可拆式平旋盘作回转运动，滑块在平旋盘上作径向移动，工作台在床身上作纵、横向移动和回转运动，后立柱在床身上作纵向移动，尾座在后立柱上作垂直移动。

如图 5-2 所示，通常将工作台沿 W 轴运动，即平行于床身导轨运动的方向称为纵向（W）；垂直于床身导轨运动的方向称为横向（X 轴）。

5.3.6 条是检验主轴箱移动的直线度的规定。

应注意本条第 2 款："……并应移动主轴箱，调整平尺，使指示器在平尺两端的读数相等"。因本条是检验主轴箱移动的直线度，是用平尺作为基准的，只有调整平尺，使指示器在平尺两端的读数相等后，平尺才放置垂直了，检验才能得出准确的数据。

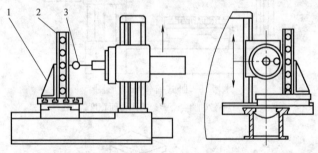

(a) 与床身导轨平行放置角尺　　　(b) 与床身导轨垂直放置角尺

图 5.3.6　检验主轴箱移动的直线度

1—专用角尺；2—平尺；3—指示器

【5.4 落地镗床、落地铣镗床】

和卧式铣镗床一样，先看一下落地铣镗床外形图（图 5-3）。根据《卧式铣镗床　系列型谱》JB/T 4241.2—1999，本节是卧式铣镗床中的第二个系列，即"落地铣镗床（落地式）"。所谓"落地式"，就是工作台直接固定在地面上，没有纵床身，由台式卧式铣镗床演变而来。立柱在横床身上移动，主轴箱在立柱上垂直移动，根据用户要求，还可配备后立柱及回转工作台等。

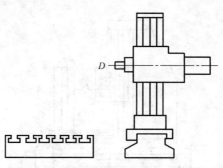

图 5-3　落地铣镗床（落地式）外形图

D—镗轴直径

　　5.4.2、5.4.3 条是检验立柱移动在垂直平面内的直线度和立柱移动在水平面内的直线度的规定。

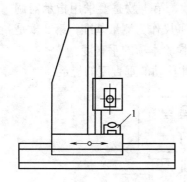

图 5.4.2　检验立柱移动在垂直平面内的直线度

1—水平仪

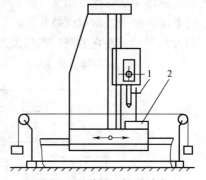

图 5.4.3　检验立柱移动在水平面内的直线度

1—显微镜；2—立柱滑座

　　注意以下几点（见检验示意图 5.4.2、图 5.4.3）：

　　1. 水平仪是放置在立柱的滑座上，且与立柱移动方向平行；

　　2. 绷钢丝时应制作一支架，支撑在地基上，显微镜放在立柱滑座上；

　　3. 均为等距离移动立柱，偏差计算方法与前述同。

　　5.4.4 条是检验主轴箱垂直移动对立柱沿床身移动的垂直度的规定。

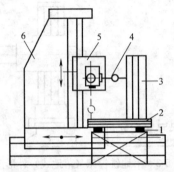

图 5.4.4 检验主轴箱垂直移动对立柱沿床身移动的垂直度

1—等高块；2—平尺；3—圆柱形角尺；4—指示器；5—主轴箱；6—立柱

如图 5.4.4 所示，本条的检验方法和要求，条文中已表述清楚，关键是注意规范条文 1、2 两款，第 1 款是要求用指示器调整平尺，使平尺两端读数相等，用平尺作为测量基准；第 2 款是通过与平尺相垂直的圆柱形角尺来检验本项的垂直度。

5.4.5 条是检验镗轴轴线对立柱移动的垂直度的规定。

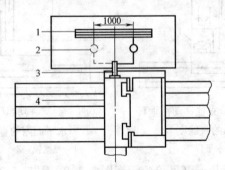

图 5.4.5 检验镗轴轴线对立柱移动的垂直度

1—平尺；2—指示器；3—镗轴；4—滑座

本条应注意两点：一是要"移动立柱，调整平尺使指示器读数在平尺两端相等"，这样才有了测量基准，二是"旋转镗轴180°进行检测，垂直度偏差值应以指示器读数的差值计"并没有要求"主轴旋转180°后，再重复测量一次，并以两次读数的代数和之半计"。这是因为没在主轴上安装检验棒来代表旋转轴线，因此便没必要考虑检验棒轴线与主轴旋转轴线的不重合，也没必要消除两轴线不重合的误差。

【5.5 刨台卧式铣镗床】

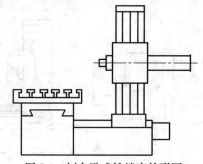

图 5-4 刨台卧式铣镗床外形图

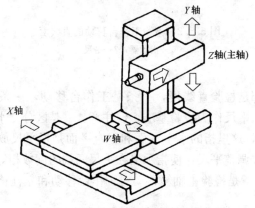

图 5-5 刨台卧式铣镗床轴线坐标命名

刨台卧式铣镗床（外形如图 5-4 所示）也是卧式铣镗床系列的变型，其特点是工作台只能在横床身上作横向移动，有的可作回转运动，立柱在纵床身上作纵向移动。与台式、落地式的卧式铣镗床相比，其结构特点是：台式机立柱固定不动。工作台可作纵、横向移动和回转运动；落地式是立柱在横床身上作横向移动，工作台固定在地上，无纵床身；刨台式是有纵、横床身，且

67

床身导轨相互垂直，立柱作纵向移动，工作台作横向移动。刨台卧式铣镗床轴线坐标命名见图5-5。

5.5.2、5.5.3条是检验工作台移动的直线度和检验立柱移动的直线度的规定。

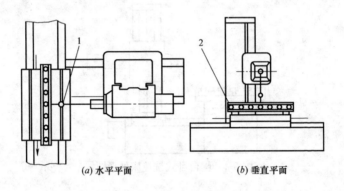

(a) 水平平面　　　　　　　　(b) 垂直平面

图5.5.2　检验工作台移动的直线度
1—指示器；2—平尺

两条都是检验直线度，一条是工作台移动，一条是立柱移动，都是以平尺作为检验基准，但注意：一是区分"水平平面和垂直平面"，这里指的水平平面和垂直平面是指平尺放置时的平面；二是"调整平尺，使指示器在平尺两端的读数相等"。

5.5.4条是检验主轴箱移动对工作台移动和立柱移动的垂直度的规定。

本条应注意五个要点：其一，工作台上放平板，但平板应放在与工作台移动方向（X轴）和立柱移动方向（W轴）均平行的位置；其二，平板上放圆形角尺；其三，指示器的测头要求沿工作台移动方向（X轴）触及圆形角尺的检验面，然后移动主轴箱测量；其四，再将指示器测头沿立柱移动方向（W轴）触及圆形角尺检验面，移动主轴箱测量；最后，以指示器读数的最大差值计算垂直度偏差值。

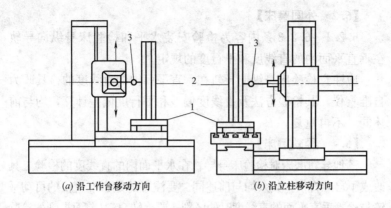

(a) 沿工作台移动方向   (b) 沿立柱移动方向

图 5.5.4   检验主轴箱移动的垂直度
1—平板；2—圆柱形角尺；3—指示器

5.5.5 条是检验工作台移动对立柱移动的垂直度的规定。

本条的关键：一是移动立柱调整平尺，使平尺放置与立柱移动方向平行，也就是条文中所表述的："移动立柱，调整平尺使指示器在平尺两端读数相等"；二是"在平尺上卧放一角尺，将指示器的测头垂直触及角尺检验面"请注意图 5.5.5 (b) 图，角尺是卧放的。

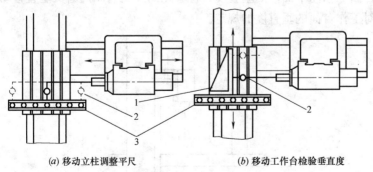

(a) 移动立柱调整平尺   (b) 移动工作台检验垂直度

图 5.5.5   检验工作台移动对立柱移动的垂直度
1—角尺；2—指示器；3—平尺

【6.2 外圆磨床】

6.2.1～6.2.3 条内容为检验安装水平和检验床身纵向导轨在垂直平面内的直线度和平行度的规定。

应注意检验床身纵向导轨在垂直平面内的直线度的检具改为自准直仪，其检验方法及直线度偏差和平行度偏差计算，均与前述同，不再重复。

【6.4 导轨磨床】

落地导轨磨床对检验床身导轨在水平面内的直线度的检验工具改成了自准直仪，其余均与前述同。要注意的是自准直仪的可动平镜与检验垂直平面的直线度时的区别，要旋转 90°（前面提到的检验外圆磨床床身纵向导轨在垂直平面内的直线度也是用的自准直仪）。

6.4.5 条是检验龙门导轨磨床的预调精度的规定。

本条允差值要求高，床身导轨在垂直平面内的直线度和床身导轨在水平面内的直线度的允许偏差值均为 0.01mm，而且这个 0.01mm 不是全长的允差，也不是局部允差，而是"……任意 1000mm 相邻两点……"及"……任意 1000mm 长度上……不应大于 0.01mm"。因导轨磨床的精度要求高，应用时应特别注意。

6.4.6、6.4.8 条是检验龙门导轨磨床横梁垂直移动对工作台面在纵向平面内的垂直度；检验龙门导轨磨床的磨头垂直移动对工作台面的垂直度的规定。

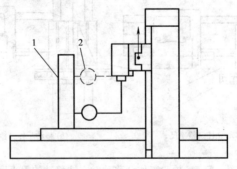

图 6.4.6 检验横梁垂直移动对工作台面在纵向平面内的垂直度

1—圆柱形角尺；2—指示器

这两条都是检验工作台面的垂直度的，一是横梁垂直移动；一是磨头垂直移动（见图6.4.6、图6.4.8）。

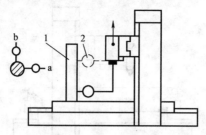

图6.4.8　检验磨头垂直移动对工作台面的垂直度

1—圆柱形角尺；2—指示器

a—纵向；b—横向

允差值的计算方法与前述同。只是6.4.6条检测两次（旋转180°后再检测一次），但6.4.8条要检测四次（a—纵向、b—横向各检测2次）。

6.4.7　检验龙门导轨磨床的横梁垂直移动的平行度。

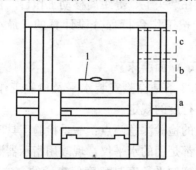

图6.4.7　检验横梁垂直移动的平行度

1—水平仪

a、b、c—检验平行度时横梁在下、中、上的位置

本条注意四个要点：一是水平仪应放置于横梁的中间位置；二是磨头应对称放置；三是只能由下往上移动横梁进行检验，不得往返；四是应将横梁锁紧后读数。

6.4.9 条是检验工作台纵向移动在水平面内的直线度的规定。

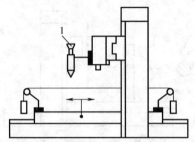

图 6.4.9　检验工作台纵向移动在水平面内直线度
1—显微镜

工作台移动检验水平面内的直线度，与预调精度相比，前者是钢丝绷紧在床身导轨的两端、显微镜固定在专用检具上、移动检具、在导轨全长上进行检测，允差值是"……任意 1000mm 长度上……不应大于 0.01mm"；后者是钢丝绷紧在工作台的两端、显微镜固定在磨头上、等距离移动工作台，在全行程内进行检测，允差值是按工作台行程分段计算的，最小 0.01mm，最大 0.05mm。

【6.6　平面、端面磨床】

6.6.1～6.6.3 条是检验安装水平及检验工作台或磨头移动对工作台面的平行度的规定。

这里平行度的检验注意两点：一是检验工具改变，前面提到的检验平行度，都是用的水平仪，现改用指示器测量；二是允差值改变，前面提到的平行度是角度值表示的，这里改用线性值，这是检验工具改变后的结果，见图 6.6.2、图 6.6.3。

【7　齿轮加工机床】

本章中列了 6 种机床：锥齿轮加工机、滚齿机、剃齿机、插齿机、花键轴铣床、齿轮磨齿机。检验项目为安装水平、直线度、平行度等。其中 7.2.2 条是检验滚齿机外支架垂直移动对工作台回转轴线的平行度的规定，7.2.3 条是检验滚齿机刀架垂直

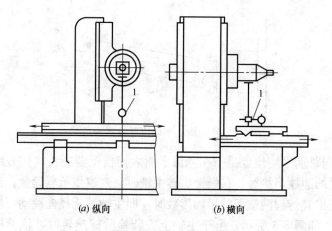

(a) 纵向   (b) 横向

图 6.6.2   检验工作台或磨头移动对工作台面的平行度
1—指示器

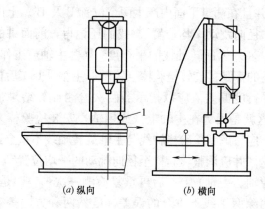

(a) 纵向   (b) 横向

图 6.6.3   检验工作台（或磨头）移动对工作台面的平行度
1—指示器

移动对工作台回转轴线的平行度的规定。这两条的检验方法及偏差值条文中已表述很清楚，条文中的"并应调整检验棒至径向跳动的平均位置"解释如下：

在《机床检验通则 第 1 部分：在无负荷或精加工条件下机床的几何精度》GB/T 17421.1—1998 第 24 页是这样表述的：

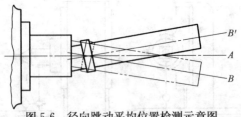

图 5-6　径向跳动平均位置检测示意图

"径向跳动平均位置是指在测量平面内使指示器测头与代表旋转轴线的圆柱面接触，在慢慢旋转主轴时，观察指示器读数。当指针指出其行程两端间的平均读数时，即主轴处于径向跳动平均位置"。如图 5-6 所示，由于主轴上安装检验棒旋转时，检验棒轴线与主轴旋转轴线可能不重合，此时，检验棒的轴线则描绘出一个双曲面（如果检验棒的轴线与主轴旋转轴线相交，则描绘出一个锥面），并且在测量平面内产生两个位置 B 及 B'。上图中的 A 处则称为"径向跳动平均位置"。我们还记得，前面讲的"检验××移动对×××回转轴线的平行度"（含主轴或工作台）时，条文中叙述的都是"旋转检验棒（镗轴、主轴）180°后再重复检测一次，平行度偏差值应以指示器两次检测计算结果代数和的1/2 计"。这就是因为在主轴上（或镗轴）安装检验棒来代表旋转轴线时，应考虑到检验棒轴线与主轴旋转轴线不重合这样一个事实。这里"并应调整检验棒至径向跳动的平均位置"与"旋转检验棒（镗轴、主轴）180°后再重复检测一次……"是一致的，都是为了消除两轴线不重合的误差。虽然两种方法等效，但在 GB/T 17421.1—1998 中，认为前面讲的方法更精确，推荐前者。

【8　螺纹加工机床】

本章列了丝锥磨床、螺纹磨床、丝杠车床。应注意的主要是检验螺纹磨床的床身纵向导轨在垂直平面和水平面内的直线度，使用的检具是自准直仪，要记住当检验水平平面内的直线度时，应将自准直仪光管的接目镜回转 90°。

【9.1 龙门铣床】

检验预调精度时应注意：一是检验机床的安装水平规定了具体位置，即在立柱连接处、多段床身接缝处及全长两端处进行检测；二是检验床身导轨在垂直平面内的直线度和平行度时，应使用检验安装水平时的整套检具，当床身有多条导轨时，每条导轨对基准导轨的平行度均应检验；三是检验床身导轨在水平面内的直线度时，只检验床身为 V 型的导轨。

9.1.4 条是检验工作台面对工作台移动的平行度的规定。

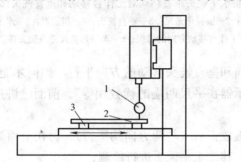

图 9.1.4　检验工作台面对工作台移动的平行度
1—指示器；2—平尺；3—等高块

本条的重点是：铣头置于中间和靠近工作台两侧边缘对称的三个位置，移动工作台在全行程上进行检测；计算指示器读数在三个位置的最大差值；平行度偏差值以在三个位置测取的最大差值中的最大值计。

9.1.6 条是检验水平铣头垂直移动对工作台移动方向和垂直铣头移动方向的垂直度的规定。

本条应重点理解以下四点：

首先要理解的是这是一个三个空间坐标轴要求相互垂直的检测，假定水平铣头移动为 Z 轴，工作台移动方向为 Y 轴（即图 9.1.6 中的 a），垂直铣头移动方向为 X 轴（即图 9.1.6 中的 b），则条文中要达到的目的是检测 X、Y、Z 三坐标垂直；

二是在工作台面上放平板，且调整平板，使其顶面分别与工

75

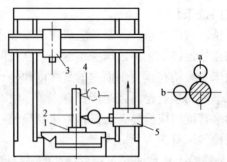

图 9.1.6　检验水平铣头垂直移动对工作台移动和垂直铣头移动的垂直度
1—平板；2—圆柱形角尺；3—垂直铣头；4—指示器；5—水平铣头
a—圆柱形角尺工作台移动方向的母线；b—圆柱形角尺垂直铣头移动方向的母线

作台移动方向和垂直铣头移动的方向平行，如何才能达到平行，就是"使指示器在平尺两端的读数相等"。前面已讲过，这里不再重复；

三是平板放正后（与两方向均平行），再在上面放圆柱形角尺，然后垂直移动水平铣头进行检测；

四是将圆柱形角尺回转 180°后重复检测一次；两方向的垂直度偏差值应分别以两次检测结果的代数和的 1/2 计。

9.1.7 条是检验垂直铣头移动在水平平面和垂直平面内的直线度的规定。

本条理解要点：一是平尺的放置应与工作台移动方向垂直，即规范条文中表述的"平行于垂直铣头移动方向放一平尺"；二是调整平尺使指示器在平尺的两端读数相等；三是要理解是以平尺的检验面作为测量基准的，这里指的"水平平面和垂直平面"，是对平尺检验面而言。

9.1.8 条是检验垂直铣头移动对工作台移动的垂直度的规定。

本条应主要理解是平尺的放置和找正，首先应放置于与工作台运动相平行的方向，其次是如何找正平尺，就是"使指示器在平尺两端的读数相等"，然后进行下面的步骤。

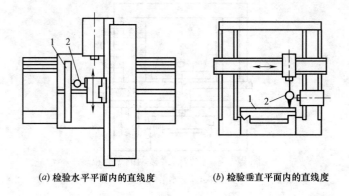

(a) 检验水平平面内的直线度   *(b)* 检验垂直平面内的直线度

图 9.1.7　检验垂直铣头水平移动在水平平面和垂直平面内的直线度
1—平尺；2—指示器

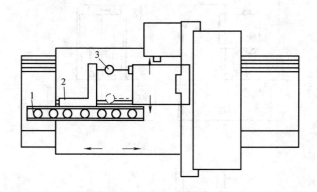

图 9.1.8　检验垂直铣头水平移动对工作台移动的垂直度
1—平尺；2—角尺；3—指示器

9.1.9 条是检验横梁移动的平行度的规定。

本条注意四点：一是应将垂直铣头置于横梁两端对称的位置，但只有一个垂直铣头的机床，应将垂直铣头置于横梁的中间位置；二是应在横梁上平面的中央放置等高块，且与横梁平行放一平尺，平尺上放水平仪；三是只能由下往上移动横梁进行检验，不得往返；四是应将横梁锁紧后读数。

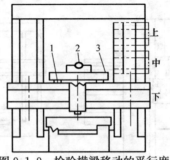

图 9.1.9　检验横梁移动的平行度

1—等高块；2—水平仪；3—平尺

【9.2　平面铣床】

本节共 3 条，分别检验的是安装水平、垂直度和平行度。

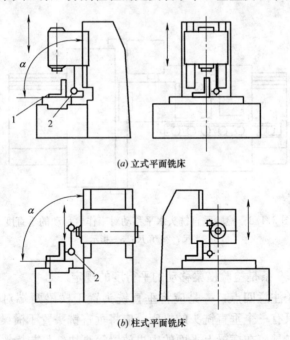

(a) 立式平面铣床

(b) 柱式平面铣床

图 9.2.2　检验机床工作台面对主轴箱垂直移动的垂直度

α—工作台面对主轴箱垂直移动的夹角；1—角尺；2—指示器

应注意区分规范 9.2.2 条检验立式和柱式平面铣床的工作台面对主轴箱垂直移动的垂直度中的横向垂直平面和纵向垂直平面，上图中表示有 α 角的即为横向垂直平面，没有 α 角的就是纵向垂直平面。

【10.1 悬臂刨床、龙门刨床】

检验的项目、内容和要求与龙门铣床的相应检验要求相似，不再重复解释。但应注意，与龙门铣床相比，龙门刨床没有检验工作台移动在垂直平面内的直线度和平行度的检验。这是因为龙门刨床安装后，要对工作台面进行精刨以后，才使用工作台。

【11.1 立式内拉床】

本节共 3 条，检验项目分别为安装水平、垂直度和同轴度。

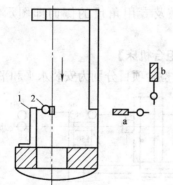

图 11.1.2 检验辅助刀夹头移动对工作台的垂直度
1—角尺；2—指示器
a—纵向；b—横向

这里应注意的是纵向平面和横向平面的区分，如图 11.1.2 所示。

【11.2 卧式内拉床】

本节共 3 条，检验项目分别为安装水平、垂直度和同轴度。这里应注意的也是垂直平面和水平平面的区分，如图 11.2.2 所示：

指示器测头触及专用角尺的上平面即图示的 a，称为垂直

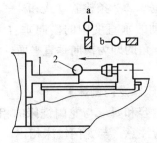

图 11.2.2　检验辅助滑板移动对支承端面的垂直度

1—专用角尺；2—指示器

a—角尺的垂直平面；b—角尺的水平平面

平面；

指示器测头触及专用角尺的侧面即图示的 b，称为水平平面。

【14.1　钻镗组合机床】

本节共 4 条，检验项目分别为安装水平和平行度。

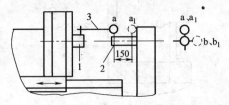

图 14.1.4　检验夹具导向孔或样件孔轴线对导轨的平行度

1—滑鞍主轴；2—检验棒；3—指示器

a、a_1—检验棒垂直平面母线的起止测点；b、b_1—检验棒水平平面母线的起止测点

请注意规范 14.1.4 条，这里提出了"应在径向跳动平均值的母线上检验"。"径向跳动平均值"的概念，在滚齿机的"检验外支架垂直移动对工作台回转轴线的平行度及检验刀架垂直移动对工作台回转轴线的平行度"中就提出了"并应调整检验棒至径向跳动的平均位置"，与这里的要求是相同的。

【14.2　铣削组合机床】

本节共 3 条，检验项目分别为安装水平、平行度和垂直度。

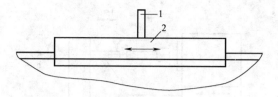

图 14.2.2 检验工作台移动的平行度
1—水平仪；2—工作台

请注意 14.2.2 条（见图 14.2.2），检验工作台移动的平行度，一是与工作台移动方向垂直放置水平仪；二是规定了只"在工作台行程的两端进行检测，平行度偏差值应以水平仪在行程两端点读数的代数差计"。

【14.3 攻丝组合机床】

本节共 4 条，检验项目分别为安装水平、平行度和同轴度。其中 14.3.2 及 14.3.3 条是检验靠模体孔轴线对机床导轨的平行度及检验样件孔轴线对机床导轨的平行度的规定。其先后顺序是应在检验靠模体孔轴线对机床导轨的平行度合格后，再检验样件孔轴线对机床导轨的平行度。

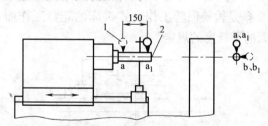

图 14.3.2 检验靠模体孔轴线对机床导轨的平行度
1—指示器；2—检验棒
a、a_1—检验棒垂直平面母线的起止测点；b、b_1—检验棒水平平面母线的起止测点

图 14.3.2 所示是检验靠模体孔轴线对机床导轨的平行度。先将指示器固定在床身导轨的水平桥上，靠模体孔中插入检验棒，然后移动滑台在 150mm 行程上进行检测。图 14.3.3 所示是检验样件孔轴线对机床导轨的平行度，是"将指示器固定在靠模

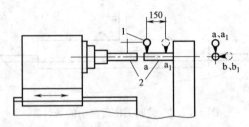

图 14.3.3 检验样件孔轴线对机床导轨的平行度

1—指示器；2—检验

a、a₁—检验棒垂直平面母线的起止测点；b、b₁—检验棒水平平面母线的起止测点

体孔中的检验棒上"，然后"移动滑台进行检测"，实质就是移动靠模体孔中检验棒上的指示器读数，使用时注意分清靠模体孔和样件孔，图中左边为靠模体孔，右边为样件孔。

【14.4 小型组合机床】

因小型组合机床类型分回转工作台式、移动工作台式和固定工作台式三种，本节的条文就是按这三种类型的机床分别表述的。即每一类型机床检验两项，即一项安装水平，一项平行度，共6条。本节的重点应关注平行度的检验方法和步骤。

14.4.2条是检验回转工作台式机床的花盘工作面对圆盘底座定位基面的平行度的规定。

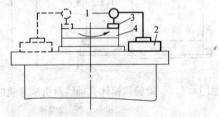

图 14.4.2 检验花盘工作面对圆盘底座定位基面的平行度

1—指示器；2—平尺；3—等高块；4—花盘

本条的检验方法和步骤是：

第一步：在圆盘底座定位基面上沿径向放置平尺；

第二步：将指示器固定在平尺上，使其测头触及距花盘边缘

25～30mm处的等高块上；

第三步：使工作台回转、定位并夹紧，在花盘工作面的四个以上均布的等高块上进行检测，并记录每个测点处的读数；

第四步：将平尺连同指示器沿圆盘底座定位基面移到下一个检测处，重复检测一次；

第五步：平行度偏差值以指示器在直径上相对两点读数的最大代数差值计。

14.4.4条是检验移动工作台式机床的滑台移动对转动工作台滑鞍工作面的平行度的规定。

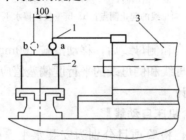

图14.4.4　检验滑台移动对工作台滑鞍工作面的平行度
1—指示器；2—标准方箱；3—滑台
a、b—测点

本条的检验方法和步骤是：

第一步：将标准方箱放在移动工作台滑鞍的工作面上；

第二步：将指示器固定在滑台的主轴部件上，使其测头垂直触及标准方箱的上平面后，移动滑台100mm测取两处的读数差；

第三步：再将标准方箱回转180°后重复检测一次；

第四步：平行度偏差值应以两次读数差代数和的1/2计。

14.4.6条是检验导向孔轴线对滑台导轨的平行度的规定。

本条的检验方法和步骤是：

第一步：在导向孔中插入一根检验棒；

第二步：将指示器固定在主轴部件滑鞍上，使其测头分别触

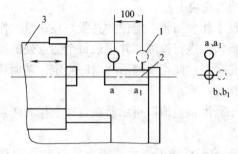

图 14.4.6　检验导向孔轴线对滑台导轨的平行度

1—指示器；2—检验棒；3—滑鞍

a、a_1—检验棒垂直平面母线的起止测点；b、b_1—检验棒水平平面母线的起止测点

及检验棒的上母线和侧母线后，移动滑鞍 100mm 进行检测；

第三步：上母线和侧母线的平行度偏差值应以指示器分别在两处读数的差值计。

【14.5　组合机床自动线】

本节共 8 条，检验项目分别为安装水平、相邻机床的中心距、相邻夹具定位基面的等高度、相邻夹具定位销的共面度、相邻夹具定位基面与输送基面的间隙、主输送带对其输送装置导轨的平行度、输送基面接头处的等高度、主输送带棘爪与被输送件的脱开间隙等，本节关注的重点和"小型组合机床"一样，应关注平行度的检验方法和步骤。

14.5.6 条是检验主输送带对其输送装置导轨的平行度的规定。

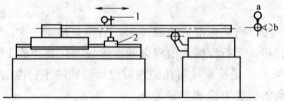

图 14.5.6　检验主输送带对输送装置导轨的平行度

1—指示器；2—水平桥

a—主输送带垂直平面的母线；b—主输送带水平平面的母线

本条的检验方法和步骤是：

第一步：在输送装置导轨上放置水平桥；

第二步：将指示器固定在水平桥上，使其测头分别触及主输送带的垂直平面和水平平面的母线上，沿导轨移动水平桥进行检测；

第三步：垂直平面和水平平面的平行度偏差值应分别以指示器移动前后的读数最大差值计。

下面将组合机床平行度的检验总结如下：

前面的卧式车床、重型卧式车床、重型深孔钻镗床等均有平行度的检测，其表述是："检验主轴轴线对溜板移动的平行度"或"检验溜板移动对主轴轴线的平行度"。检验方法都是"……将指示器固定在溜板上……移动溜板进行测量……"。即床头是不移动的，但组合机床则不同，如图 14.4.6 所示检验导向孔轴线对滑台导轨的平行度，是"将指示器固定在主轴部件滑鞍上"，"移动滑鞍 100mm 进行检测"（这个滑鞍类似于车床的床头箱），这在组合机床中称为"移滑鞍法"，与此相对应的还有"移表法"。按这个概念理解，前述的车床等类型均采用的是"移表法"，即指示器固定在溜板上（或专用检具水平桥），移动溜板进行测量。为什么组合机床推荐使用"移滑鞍法"呢？其理由一是与组合机床动力同实际移动情况相符，且克服了"移表法"在床身导轨上移动时，受机床导轨直线度和平行度的影响；二是使用"移表法"时，当主轴（滑鞍）较高时，容易造成测量系统变形，增大了测量误差。三是"移表法"需用专用检具，如水平桥等，才能固定指示器，没有移滑鞍法操作方便。

【15　工程验收】

本章虽然简单，但很重要，尤其 15.0.3 条是对工程验收时应具备的 9 项资料的规定，必须齐全，否则是无法交工的。

附录 A 机床安装常用的检测量具

A.1 平行平尺

　　1. 作用：平尺是检测安装水平、垂直平面内的直线度、垂直平面内平行度等检验项目最基本的检测工具。平行平尺具有两个平行面，平尺通常是水平使用，在用等高垫作支承时，其支承位置应选择使自然挠度最小。对均匀截面的平尺，其支承点应相隔 $\frac{5}{9}L$ 并位于距两端处 $\frac{2}{9}L$ 处，这些特定的支承位置应在平尺上做好明显的标记。

　　2. 外形简图：见图 A-1。

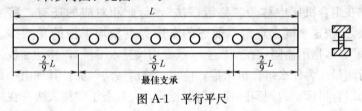

图 A-1　平行平尺

A.2 平角尺

　　1. 作用：用一个平面和一个与它垂直的侧棱面组成的普通角尺，它是检测部件之间垂直度的基本量具。

　　2. 外形简图：见图 A-2。

A.3 圆柱角尺

　　圆柱角尺主要用于检测部件之间的垂直度，其结构见图 A-3。

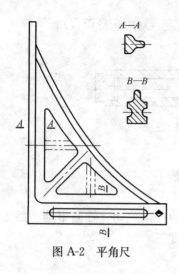

图 A-2 平角尺

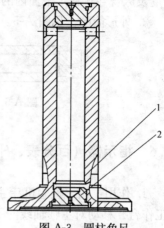

图 A-3 圆柱角尺

1—圆柱角尺体；2—中心堵头

A.4 带标准锥柄检验棒

1. 作用：用于检验主轴的径向跳动、轴向窜动、溜板移动对主轴轴线的平行度。

2. 外形简图：见图 A-4。

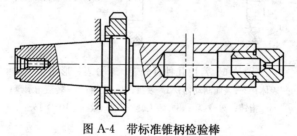

图 A-4 带标准锥柄检验棒

A.5 圆柱检验棒

1. 作用：用于检验机床主轴和尾座中心线对床身导轨的平

行度及床身导轨在水平面内的直线度（对短床身而言）。

2. 外形简图：见图 A-5。

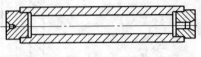

图 A-5　圆柱检验棒

A.6　指示器（百分表、千分表）

1. 作用：用于检验机床主轴的径向跳动、轴向窜动、溜板（工作台）移动对主轴轴线的平行度等。

2. 外形简图：见图 A-6。

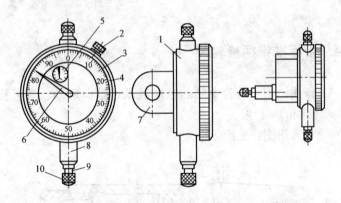

图 A-6　常用几种百分表、千分表外形图

1—表体；2—表面制动器；3—表盘；4—表圈；5—转数指示盘；

6—指针；7—耳环；8—装夹套筒；9—量杆；10—测头

A.7　游标卡尺

1. 作用：用于部件装配，测量零部件长度尺寸的工具。

2. 外形简图：见图 A-7。

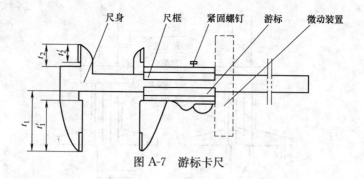

图 A-7　游标卡尺

A.8　高度游标卡尺

1. 作用：用于部件装配，测量零部件高度尺寸的工具。
2. 外形简图：见图 A-8。

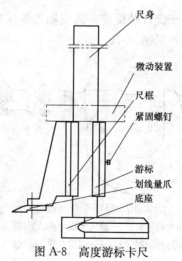

图 A-8　高度游标卡尺

A.9　深度游标卡尺

1. 作用：用于部件装配，测量零部件深度尺寸的工具。
2. 外形简图：见图 A-9。

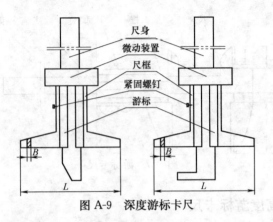

图 A-9 深度游标卡尺

A.10 外径千分（百分）尺

1. 作用：用于部件装配前，测量轴类零件的实际尺寸。

2. 外形简图：见图 A-10。

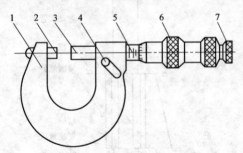

图 A-10 外径千分（百分）尺

1—铸铁或钢质的弓架；2—固定的或可换的测杆；3—活动测杆；
4—固紧活动测杆的制动器；5—固定套管；6—微分筒；7—棘轮

A.11 内径千分尺

1. 作用：用于部件装配，测量孔类零件的实际尺寸。

2. 简图：见图 A-11。

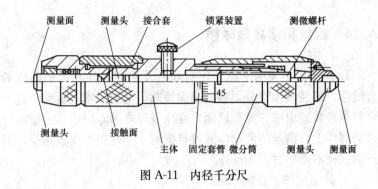

测量面 测量头 接合套 锁紧装置 测微螺杆

45

测量头 接触面 主体 固定套管 微分筒 测量头 测量面

图 A-11 内径千分尺

A.12 塞尺

1.作用：它是测量两部件之间表面间隙的薄片式量具，如检查两段床身联接时的密合程度，常与平尺、等高垫块配合使用。

2.外形简图：见图 A-12。

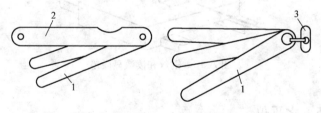

图 A-12 塞尺

1—塞尺；2—护板；3—标志牌

A.13 等高垫块

用等高垫块垫在平行平尺的下面，使平尺平面与工作台台面平行，然后对垂直平面的平行度、垂直平面内的直线度进行检测。

A.14 钢丝和读数显微镜

1. 作用：主要用于测量床身导轨及移动部件在水平面内的直线度，该装置由带分划板的显微镜和可显示出钢丝精确位置的可调测微装置组成。显微镜固定在床身导轨的专用检具或溜板等移动部件上，钢丝的两端应通过目镜的十字线调为读数相等，钢丝的直径不得超过 0.2mm。

2. 外形简图：见图 A-13。

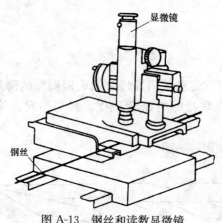

图 A-13　钢丝和读数显微镜

A.15 水平仪

1. 作用：水平仪是机床安装中最基本和使用场合最多的测量仪器，用它来检测机床的安装水平、检测床身导轨和部件移动在垂直平面内的直线度、垂直平面内的平行度以及部件之间（如立柱与床身）的垂直度等。

水平仪的种类有：条形水平仪（或称钳工水平仪）、框式水平仪、光学合象水平仪、电子水平仪等。

2. 外形简图：图 A-14 为框式水平仪外形图，图 A-15 为光

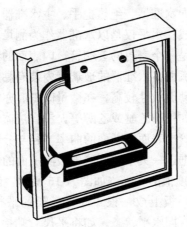

图 A-14 框式水平仪外形图

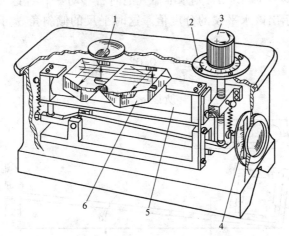

图 A-15 光学合象水平仪结构图

1—目镜；2—固定指示刻线；3—微分调节系统；

4—刻度尺；5—水准器壳体；6—校镜

学合象水平仪结构图。

3. 水平仪的结构和工作原理：下面以框式水平仪为例，简略介绍水平仪的结构和工作原理。

水平仪的结构根据分类不同而有所区别。框式水平仪一般由水平仪主体、横向水准器、绝热把手、主水准器、盖板和零位调整装置等部件组成。水平仪是以水准器作为测量和读数元件的一种量具。水准器是一个密封的玻璃管，内表面的纵断面为具有一定曲率半径的圆弧面。水准器的玻璃管内装有黏度低、内摩擦阻力小，且气泡移动灵敏性较高，在微量倾斜时亦能保持气泡作微量移动的液体，如精馏乙醚或乙醇等，没有液体的部分通常叫做水准气泡。玻璃管内表面纵断面的曲率半径与分度值之间存在着一定的关系，根据这一关系即可测出被测平面的倾斜角度。

4. 水平仪分度值的含义：如图 A-16 所示，假定平板处于自然水平位置，在平板上放一根 1000mm 长的平行平尺，如此时水平仪读数为零，即水平状态。如将平尺右端抬高 0.02mm，平尺便倾斜一个角度 α，则水准器气泡向右移动一个刻度（2mm），这就标示出该水平仪的分度值。这时平尺的倾斜角 α 可从下式求出：

$$tg\alpha = \frac{\Delta H}{L} = \frac{0.02}{1000} = 0.00002$$

$$所以\ \alpha \approx 4''$$

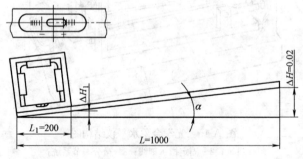

图 A-16　水平仪分度值的含义

因此，框式水平仪的分度值一般为 $4''$，它表示的是在 1000mm 长度上，对边高 0.02mm 的角度。

在离平尺左端 200mm 处，平尺下面的高度变化量 ΔH_1 从图 A-16 的相似三角形得出：

$$\Delta H_1 = L_1 \times \frac{\Delta H}{L} = 200 \times 0.00002 = 0.004\text{mm}$$

由上式可知，水平仪的实际线性值，与水平仪底座垫板支点间的距离 L_1 有关。

5. 水平仪读数的换算：如图 A-17 所示，用分度值为 0.02/1000 的框式水平仪，被检长度为 400mm，水准气泡向右偏移 3 格，则在 400mm 长度上的高度差为：

$$\frac{0.02}{1000} \times 400\text{mm} \times 3 = 0.024\text{mm}$$

两个表面之间的夹角为：

$$3\text{ 格} \times 4'' = 12''$$

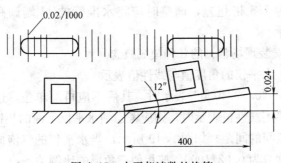

图 A-17　水平仪读数的换算

6. 水平仪示值的零位检定

当水平仪处于水平状态时，气泡应在居中的位置，且气泡的长度亦应在水准两端刻线范围内，由于温度及环境等因素影响，气泡并未在中间位置，或者变长，或者变短，此时就应进行调整，通常把气泡的实际位置对居中位置的偏移量，称为"零位误差"，要求不得超过分度值的 1/4。

现场检定方法如下：将被检水平仪放在已调整为水平状态的零级平板上，在气泡的任一端读数；然后将水平仪原地转 180°，在第一次读数的同侧再读一次，两次读数之差的一半就是水平仪的零位误差。

如图 A-18 所示，为同一水平仪在原位置转过 180° 前、后，

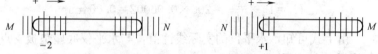

图 A-18　水平仪的零位检定

水平仪气泡的位置。按左侧读数为：

$$零位误差＝－1.5\ 格$$

按右侧读数为：

$$零位误差＝－1.5\ 格，两次结果相同。$$

所以，当水平仪在原位置转 180°后，如果示值变化不超过半格（相当于零位误差的 1/4 格），则其示值零位是合格的。上例示值为 1.5 格超差，调整时应将水准管的 N 端调高（如图 A-18所示）。

7. 安装现场常见的几种模糊概念

(1) 水平仪的角度值与线性值表示

当用"0.02/1000"表示时，其后不应再写单位，这是角度值。当要用线性值表示时，则应考虑到水平仪下面的垫铁（或平尺）支点间的间距。如图 A-19 所示，当水平仪的气泡向右移动一格，读数为 0.02/1000，按相似三角形的比例关系：

在离左端 200mm 处　　$\Delta H_1 = 200\text{mm} \times \dfrac{0.02}{1000} = 0.004\text{mm}$

在离左端 250mm 处　　$\Delta H_2 = 250\text{mm} \times \dfrac{0.02}{1000} = 0.005\text{mm}$

在离左端 500mm 处　　$\Delta H_3 = 500\text{mm} \times \dfrac{0.02}{1000} = 0.01\text{mm}$

由此计算所得的结果，则必须写上单位，这是线值表示的方法，但所表示的倾斜角均是相等的，角度都是 4″。即 0.02/1000＝0.01/500＝0.005/250＝0.004/200。

(2) 用线性值表示时，必须书写单位

例如用水平仪检测某导轨在垂直平面内的直线度为 0.04mm，这表示的是用水平仪检测后，经过最小包容区域法

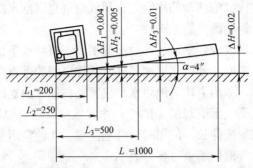

图 A-19　水平仪的角度值与线性值

"画曲线"计算结果，这是线性值的表示方法，书写时，后面如果没有单位（mm），那就令人费解了。又如用 200×200 分度值为 0.02/1000 的框式水平仪，且不用平尺，直接放在被测表面上，这时如果水泡向右偏移一格，则线性值为：

$$\frac{0.02}{1000}\times200\times1=0.004\text{mm}$$

（3）关于安装现场对几"道"的说法和写法

在安装现场我们经常听到，告之用水平仪检测的结果为"2道"或"4道"。所谓"2道"或"4道"，指的是测得的结果为"0.02mm"或"0.04mm"，这指的是直线度是用线性值表示的为"0.02mm"或"0.04mm"。如果把尚未进行换算的水平仪读数 0.02/1000 或 0.04/1000 也说成"2道"或"4道"，那就令人费解了。

对于熟练的安装钳工，为便于区别和不造成混淆，比较正确的说法：对 0.02/1000 或 0.04/1000，一般口头说成"每米2道"或"每米4道"，这样对方一听就清楚了，此时水平仪读数尚未进行换算，是角度值表示的。

8. 水平仪使用注意事项

（1）使用前必须将被测表面及水平仪的工作表面擦拭干净。

（2）将水平仪放置在被测量表面上（或平尺）后，必须等气泡完全静止后，方可读数。

（3）在读气泡移动的格数时，视线应垂直对准水准管，以免产生视差，影响测量的准确性。

（4）水平仪应轻拿轻放，放正放平，不得将水平仪在被测表面或平尺上来回拖动；当检测部件与部件之间的垂直度（如立柱与床身）时，应用力均匀地将水平仪紧贴在部件的立面上。

（5）水平仪示值对温度的变化非常敏感，环境温度的高低，会使气泡缩短或伸长，使用时应特别注意。几种常用水平仪在不同温度下的气泡伸缩量可参考表 A-1。

表 A-1　水平仪在不同环境温度下的气泡伸缩量

水平仪牌号	15℃	20℃	25℃	30℃	35℃	40℃
Massi（德国）	+0.9	0	−1	−2	−3	−3.9
Heimrich（德国）	+1.5	0	−2.3	−4.5	−6.7	−8.8
上海水平仪厂	+1	0	−1.3	−2.3	−3.3	−4.2

注：表中伸缩量的单位为格，"＋"号表示伸长，"－"号表示缩短。

（6）防止各种热源影响，如呼吸、风扇、暖气等，且应避免阳光照射。

（7）操作者的手应握在水平仪的隔热板上，如测量时间在1min 以上时，还应戴上手套。

（8）手指不得触及水准管的保护玻璃。

（9）水平仪从低温处拿到高温处，或由高温处拿到低温处时，不得立即使用，应在被测地恒温半小时后，再行检测。

（10）检测过程中，不得用汽油或酒精擦拭水平仪。因汽油或酒精挥发时有降温作用，会影响水平仪的示值。

A.16　自准直仪

自准直仪主要用于检测床身导轨在垂直平面和水平平面的直线度。如图 A-20 所示将自准直仪本体放置于支座上，调整本体的高度和左右位置与床身导轨的高度和方向一致，将反射镜固定

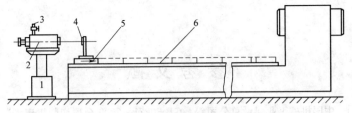

图 A-20　自准直仪测量床身导轨直线度示意图
1—支座；2—自准直仪本体；3—读数目镜；4—反射镜；
5—专用检具；6—床身导轨

于专用检具上，使反射镜在本体的近处和远端时，目镜的十字像都应出现在视场中心，十字分划像应清晰，且测微螺丝的读数应一致（读数不一致时，则测至终点后，画出的曲线将不为零）。然后移动专用检具，从一端开始，在导轨的全长上进行检测。全长直线度偏差的计算方法，按新规范附录 B 的规定进行。当检测水平平面的直线度时，应将自准仪光管的读数目镜回转 90°，其余操作与检测垂直平面的直线度同。

A. 17　工具及检测量具使用注意事项

1. 新规范在 2.0.3 条已明确规定："检验机床精度时，所用检验工具的精度应高于被检对象的精度。检具的测量误差应小于或等于被检对象的允许偏差的 10％"。

2. 使用的检验工具，必须是经具有检定资质的检定单位检定认可，且贴有检定单位公章的。

3. 使用的检验工具必须是在检定周期内的。施工现场经常不大重视，当检查使用的检验工具时，都贴有当地技术监督部门的检定标记，但进一步核查日期时，检定周期早已过期。

参 考 文 献

[1] 中国机械工业建设总公司等. GB 50271—2009 金属切削机床安装工程施工及验收规范. 北京：中国计划出版社，2009.

[2] 机械工业部北京机床研究所. GB/T 15375—94 金属切削机床 型号编制方法. 北京：中国标准出版社，1995.

[3] 机械委标准化所. GB/T 118—1996 形状和位置公差 通则、定义、符号和图样表示法. 北京：中国标准出版社，1997.

[4] JB/T 3663.3—1999 重型卧式车床 精度检验.

[5] JB/T 4115—1996 单柱、双柱立式车床 精度检验.

[6] 机械工业部北京机床研究所. GB/T 17421.1—1998 机床检验通则 第1部分：在无负荷或精加工条件下机床的几何精度. 北京：中国标准出版社，2004.

[7] 大连组合机床研究所. 组合机床的总装和精度检验. 北京：机械工业出版社，1973.

[8] 中国机械工程学会，第一机械工业部. 机修手册（修订第一版）：第三篇 金属切削机床的修理. 北京：机械工业出版社，1978.